"十三五"江苏省高等学校重点教材（编号：2019-2-220）

U0163005

工程技术英语
翻译教程

Translation of English for Engineering and Technology

主　审　左　进
主　编　孙建光　李　梓
副主编　胡庭树　林春洋

南京大学出版社

图书在版编目(CIP)数据

工程技术英语翻译教程 / 孙建光,李梓主编. — 南京：南京大学出版社,2021.1(2023.2 重印)
ISBN 978-7-305-24064-5

Ⅰ. ①工… Ⅱ. ①孙… ②李… Ⅲ. ①工程技术—英语—翻译—教材 Ⅳ. ①TB

中国版本图书馆 CIP 数据核字(2020)第 257479 号

出版发行　南京大学出版社
社　　址　南京市汉口路 22 号　　　　　邮　编　210093
出 版 人　金鑫荣

书　　名　**工程技术英语翻译教程**
主　　编　孙建光　李　梓
责任编辑　裴维维　　　　　　　　编辑热线　025-83592123
照　　排　南京南琳图文制作有限公司
印　　刷　南京玉河印刷厂
开　　本　787×1092　1/16　印张 14.75　字数 390 千
版　　次　2021 年 1 月第 1 版　2023 年 2 月第 2 次印刷
ISBN 978-7-305-24064-5
定　　价　47.00 元

网址：http://www.njupco.com
官方微博：http://weibo.com/njupco
官方微信号：njupress
销售咨询热线：(025)83594756

前　言

中华人民共和国成立 70 多年来，改革开放的不断深化不断助推中国翻译事业的大发展、大繁荣。今天的翻译，无论在学科建设、人才培养，还是课程建设等各个方面都取得巨大进步，翻译对中国政治、经济、文化、教育等方面的贡献上都是史无前例的。随着中国进入新时代，我国的综合国力不断增强，特别是随着"一带一路"倡议的全面推进，我国在政治、经济、文化等各方面的国际交往日益频繁。作为服务于改革开放的先导力量和与世界沟通的桥梁，翻译的作用愈发突出。

然而，在翻译需求不断攀升的同时，高校在翻译人才培养方面却日益暴露出其在翻译教学与翻译实践之间的脱节问题。毕业生翻译技能不扎实，知识面狭窄，导致难以胜任工程技术专业领域所需的高层次翻译工作，致使翻译领域特别是高级翻译领域的供需矛盾日益突出，不能满足目前的经济和社会发展需要。

本教材以教育部《普通高等学校本科专业类教学质量国家标准（外国语言文学类）》《普通高等学校本科外国语言文学类专业教学指南》《高等学校英语专业英语教学大纲》为依据，以"培养德才兼备、具有创新意识与国际视野的通用型翻译专业人才"为理念，以"丰富工程技术英语翻译教材体系"为宗旨，为满足当前英语专业实践教学与工程技术英语翻译专业人才培养需要编写而成。本教材共由 8 章组成，阐述了工程技术的发展历史以及工程技术英语的概念、特点及发展趋势，以及从事工程技术英语翻译工作者的素质与要求等，同时结合英汉两种语言的特点与差异，从不同层面探讨了工程技术英语的翻译原则和翻译方法，对工程技术英语翻译工作具有重要的指导意义，既适用于相关工程技术专业、翻译专业等专业的本科教学，也适用于非英语专业后续课程与选修课程教学，同时还可为不同程度的翻译爱好者提供借鉴和参考。本次教材编写的改革思路主要体现在以下几个方面：

（1）注重理论联系实践，突出教材的指导性

本次教材编写过程中，结合工程技术英语涉及范围及其语言特点，内容涵盖了有关翻译理论、工程技术英语翻译原则和翻译策略的论述，同时突出了理论与实践相结合的原则，强调翻译理论对翻译实践的指导作用，加大学生翻译实践机会，突出教材

的指导性。

（2）注重案例丰富多样，提升教材的实践性

本次教材编写过程中，注重将实用知识纳入教材的内容体系，同时十分重视所选案例的真实性、多样性及启发性。案例选取目前主流的工程技术英语文章，如机械工程、土木工程、材料工程、生物工程、计算机工程、通信工程等方面的英语文章，根据语言特点分类，提取句子、篇章作为翻译案例分析。各章节之后的配套练习可以有效地提高学生的参与度，提升教材的可感性和实践性。

（3）注重适时更新，增加教材的实用性

本次教材编写过程中，注重知识传承的同时，十分强调教材内容的普遍实用性，密切关注工程技术英语的前沿成果并适时更新教材内容，目前选取的工程英语相关文章都是当下最为前沿的工程技术英语文章，选材新颖、语言地道，能够让学生在学习翻译理论知识的同时提高学生的工程技术基本认知素养，增加教材的实用性。

本教程采用主编总体设计，编者各负其责的模式。在编写之前编写组经过充分讨论，确定本教程的编写提纲。具体分工如下：孙建光负责总体策划，并负责第一章、第二章及课后练习的编写；李梓负责最后统一审校，并负责第四章、第八章及课后练习的编写；胡庭树负责第三章、第七章及课后练习的编写；林春洋负责第五章、第六章及课后练习的编写。在教材编写的过程中，得到了左进教授、赵玉萍教授的关心与帮助，南京大学出版社编辑裴维维对教材编写提出了许多建设性的意见，在此我们一并表达衷心的谢意。此外，本教材的编写参阅了大量的文献，在此谨对各文献作者表示感谢！

《工程技术英语翻译教程》的编写是一个不断探索、求新求精的过程，在编写过程中，编者力求各方面达到完美，但鉴于编者的知识水平有限，教材中难免有疏漏之处，恳请专家和读者批评指正。

教材编写组

2021 年 1 月

目　录

第一章　绪　论

第一节　工程技术概论 …………………………………………… 2
第二节　工程技术英语特征 ……………………………………… 5
第三节　英汉两种语言对比 ……………………………………… 19

第二章　工程技术英语翻译概述

第一节　工程技术英语翻译的概念 ……………………………… 30
第二节　工程技术英语翻译的标准 ……………………………… 33
第三节　工程技术英语翻译的过程 ……………………………… 38
第四节　工程技术翻译史简述 …………………………………… 48

第三章　译者的素质

第一节　译者的政治素质 ………………………………………… 54
第二节　译者的语言素质 ………………………………………… 58
第三节　译者的专业素质 ………………………………………… 64
第四节　译者的职业素质 ………………………………………… 72

第四章　工程技术英语词汇翻译

第一节　英汉词汇现象对比 ……………………………………… 78
第二节　工程技术英语词汇特点 ………………………………… 85
第三节　工程技术英语词汇翻译 ………………………………… 87

第五章　否定句的翻译

第一节　汉、英否定概念的不同表达 …………………………… 104

第二节　汉、英否定结构的不同形式 ··· 108

第三节　工程技术英语中的否定句及常用翻译方法··························· 113

第六章　工程技术英语句子翻译

第一节　英汉句法结构对比与翻译··· 134

第二节　工程技术英语句子结构特点及翻译·· 144

第三节　工程技术英语长句特点及翻译·· 153

第七章　工程技术英语中被动语态的翻译

第一节　汉语中的被动语态·· 170

第二节　英语中的被动语态·· 180

第三节　工程技术英语中被动句的翻译方法·· 194

第八章　工程技术英语语篇翻译

第一节　英语语篇的衔接与连贯··· 212

第二节　工程技术英语语篇特点··· 221

第三节　工程技术英语语篇翻译原则·· 223

第一章 绪 论

☐ 工程技术的定义是什么?

☐ 工程技术是如何发展的?

☐ 工程技术英语的主要特点有哪些?

☐ 英汉两种语言主要有哪些差异?

　　中国改革开放 40 多年来,在中国共产党的正确领导下,中国已经从过去一个积贫积弱,任人宰割的国家成为世界第二大经济体、世界第一制造业大国、世界第一贸易大国、世界最大的汽车市场、国际游客量最大来源国。今天的中国正一步一步走向世界舞台的中心。国际学术交流日益频繁,海外工程项目数量与日俱增,因此,有效的沟通是学术交流和工程项目合作顺利开展的重要保证。近年来,工程技术英语翻译越来越受到译界重视,不少学者围绕翻译理论、译者、方法论以及翻译实践等进行研究,还有部分学者围绕工程技术英语翻译学科体系建设进行探索。本教程在前人研究的基础上,对工程技术英语翻译理论与实践进行更为深入、全面的探讨,以期为国际学术交流与项目实施提供理论与实践探索,同时为工程技术翻译教学提供教学资料。

第一节　工程技术概论

一、工程技术概述

工程技术也称为生产技术,指在工业生产中应用的技术,是人们应用科学知识或利用技术发展的研究成果于工业生产过程,以达到改造自然的预定目的的手段和方法。2016年商务印书馆出版的《现代汉语词典》(第七版)对"工程"的定义是:"(1) 土木建筑或其他生产、制造部门用比较大而复杂的设备来进行的工作,如土木工程、机械工程、化学工程、采矿工程、水利工程等,也指具体建设工程项目。(2) 泛指某项需要投入巨大人力和物力的工作:菜篮子~(指解决城镇蔬菜、副食供应问题的规划和措施)。"我们这里讨论的主要是第一种定义中的"工程"。随着科学与技术的综合发展,工程技术的概念、手段和方法已经渗透到现代科学技术和社会生活的方方面面,发展出生物遗传工程、医学工程、土木工程、机械工程、电子工程、化学工程、信息工程、教育工程、管理工程、军事工程、系统工程等许多领域。

工程技术的基本特点包括实用性、可行性、经济性和综合性。人们改造客观自然界的活动,都是为了人类的生存和社会的需要,所以就要运用工程技术的手段和方法。人们创造和使用每一种工具和机器也都有明确的具体用途,而每一种工具和机器也都是以物质形态来体现人的用途。工具、机器等劳动资料已经不是以天然形态存在的自然物,而是人造的自然物。它们要按照自然规律而运动,然而这种运动必须符合人的一种特定用途。如果它们的运动不符合人的用途,就会出现工程事故;如果完全脱离人的用途,它就成为一堆废铁,会慢慢地腐蚀掉。因此,工程技术必须有实用性,离开了实用性,它就没有生命力。例如,水有多种利,也有多种害,水利工程建设的任务是兴利除害,水利工程技术就体现了这个实用性。

任何工程技术项目,都有具体目标,但这个目标的实现,要受许多条件的约束,即受工程技术项目的选择、规模、发展速度、资金、能源、材料、设备、人力、工艺、环境等条件的约束。某项工程技术在设计的构思阶段,都必须考虑国家经济和社会发展的需要和可能,往往可以形成几种方案;随后需要对各种方案逐一进行分析和评价,从中选出既满足实用性要求,又能满足上述约束条件的最佳方案。当然,工程技术的可行性,也是一个动态的概念,某项工程在一个时期是不可行的,到了另一个时期就是可行的。各种约束条件也是可变化的,通过采取各种措施,可以积极创造条件,也可以更改条件另辟蹊径。因此,一定要根据具体的实际情况,尽可能地确定适合经济、社会的最佳适用技术。

工程技术必须把促进经济、社会发展作为首要任务,力争取得好的经济效果,从而达到技术和经济效益的统一。因为工程技术的物化形态既是自然物,又是社会经济物。它不仅要受自然规律的支配,而且还要受社会规律,特别是经济规律的支配。某项工程技术,尽管符合最新科学所阐明的自然规律,如果不符合社会要求就不能提高劳动生产率,不能带来经济效益,缺乏竞争力,它就不能存在或发展。例如,设计机械工业产品时,就要运用科学的方法进行周密的、细致的技术经济的功能分析。通过功能分析,可以发现哪些功能必要,哪些功能过剩,哪些功能不足。在改进方案中,就可以去掉不必要的功能,削弱过剩的功能,补充不足的功能,使产品有个合理的功能结构。在保证实现产品功能的条件下,最大限度地降低成本,或在成本不变的情况下提升功能,使成本与功能得到最佳结合,这样才能为社会提供物美价廉、经久耐用的先进技术装备。

工程技术通常是许多学科的综合运用。不仅要运用基础科学、应用科学等知识,同时也要运用社会科学的理论成果,并根据相应的国情,采用多种水平的技术同时并举。随着工程技术的发展和进步,其综合性愈来愈显著。现代工程技术都综合运用多种物料系统(材料、设备,综合多种技术和技术手段等)、信息系统(指标、进度、数据、图纸、方案、决策等)和控制系统组成的复杂的综合系统。即使是单项工程技术,其本身往往也是综合的,而且往往也需要着眼于整个系统对其进行综合考虑和评价。

总之,上述这些特点反映了工程技术的本质特征,体现了客观和主观、自然规律和社会经济规律、局部和整体的辩证统一关系。

二、工程技术发展历史

"工程"一词最早出现于南北朝时期,主要指土木工程。《北史》记载:"营构三台,材瓦工程,皆崇祖所算也。"然而,工程技术的发展可以追溯到原始社会。当人类的祖先第一次用石头做成最原始的生产工具——石器工具,体现了人类最初的机械加工工艺。大约五十万年以前,原始人在对雷电和森林火灾的长期观察、实践过程中,逐步学会利用自然火,并保留火种,用它来取暖、照明、煮熟食物和防御野兽。后来人类在磨制石器和木器的过程中,经常发现有冒火花、冒烟、发热等现象,终于通过摩擦的方法实现了人工取火。恩格斯曾高度评价:"就世界性的解放作用而言,摩擦生火还是超过了蒸汽机,因为摩擦生火第一次使人支配了一种自然力,从而最终把人同动物界分开。"约两万年前,人们开始使用弓箭、烧制陶器等等,这些都是属于萌芽状态的工程技术。

距今六千年到四千年前,人们在制陶的生产实践中,逐渐掌握了提高炉温的技术。后来在制造劳动工具的各种石料中又发现天然红铜,人类开始冶炼铜矿。青铜工具的使用促进了生产力的提升,最终导致原始社会的解体和奴隶社会的产生。这一时期的工程技术,除了兴修水利技术,建筑技术已达到了很高的水平。古埃及建造的金字塔,以及中国商周时期的精美青铜器,标志着这一时期工程技术水平发展的新高度,在青铜冶炼技术方面积累了丰富的实践经验。由于发明了风箱,冶铁技术也逐渐产生和发展起来,出现了最初的铁器。铁器工具代替石器工具,是工程技术上的又一次重大变革。冶铁技术的发明和铁器的广泛使用,是这一时期科学技术的最重要的成就,它大大提高了社会劳动生产率,不仅为奴隶社会向封建社会过渡提供了重要条件,而且也成为整个封建社会的主要技术基础。

工程技术的初期发展经历了原始社会、奴隶社会、封建社会三个历史阶段。这个历史时期的基本特点是,工程技术主要处在经验的物化阶段,生产技术基本上是手工的。早期工程技术的进步是相当缓慢的,生产力水平也较为低下,一方面是由于技术基础薄弱,另一方面是因为统治阶级并不关心技术的改善。进入资本主义社会之后,如何提高社会生产力、获取利益最大化成为资本家的主要目标。资本主义生产是以追求剩余价值为目的的商品生产,资本家之间的竞争是资本主义生产方式的内在规律。资本家要赚钱,要在竞争中战胜对方,就必须不断扩大生产规模,不断地改进生产工具和技术设备,用机器生产代替手工劳动,用新的机器代替旧的机器。

始于 18 世纪 60 年代的工业革命,是人类历史上使用铁器之后的第一次技术革命。它开始于纺织工业的机械化,以蒸汽机的发明和广泛使用为主要标志,从而促进了近代工程技术的产生和发展。19 世纪 70 年代标志着电力时代的开始,电力的应用是继蒸汽机的使用之后的第二次技术革命。这次技术革命固然是大工业对动力提出的新的要求,但它的出现不是直接来源于生产,而是来源于科学实验,来源于对电磁现象研究的结果。从电磁学的实验和理论的发展到电力时代的出现,生动地表明在科学进入比较成熟的阶段后,科学不仅对生产的发展能起直接的推动作用,而且已经走在生产的前面,起着指导作用。工程技术从主要依靠劳动者的经验和技能的阶段,发展到了以科学在工业生产中的应用为主要特征的阶段。电机、内燃机的生产技术的迅速发展,不仅引起了大工业的日益兴起,而且大大改变了社会的落后面貌,加速了历史发展的进程。

20 世纪四五十年代,出现以原子能工业、电子计算机和空间技术为主要标志的第三次技术革命。这次技术革命的内容比前两次技术革命更为丰富,影响更为深远。它还包括自动控制、遥感、激光以及合成材料等技术,同时又产生了新型的综合性的基础理论与控制论、信息论和系统论等等。前三次工业革命使得人类发展进入了空前繁荣的时代,与此同时,也造成了巨大的能源、资源消耗,产生了巨大的环境代价、生态成本,急剧地扩大了人与自然之间的矛盾。进入 21 世纪以来,人类面临空前的全球能源与资源危机、全球生态与环境危机、全球气候变化危机的多重挑战,由此引发了第四次工业革命——绿色工业革命,一系列生产函数发生从以自然要素投入为特征,到以绿色要素投入为特征的跃迁,并普及至整个社会。在大数据革命、云计算、移动互联时代背景下,利用信息通信技术和网络空间虚拟系统——信息物理系统(Cyber-physical System)相结合的手段,对企业进行智能化、工业化相结合的改进升级,将制造业向智能化转型,形成"智能工厂""智能生产"和"智能物流"。

第二节　工程技术英语特征

随着社会与科学技术的不断发展,工程技术发展水平往往决定了人类科技水平的发展,在国际工程技术交流过程中,我们需要经常了解国外科技和生产发展的动态,需要经常查阅国外专业文献及资料,所以,工程技术人员学好工程技术英语已成为提高自身素质及能力的一项重要内容。掌握工程技术英语的特有语言现象,有利于工程技术人员更好地提升自身工程技术水平和工程技术管理水平,同时也能通过学习英语专业知识,提升自己理解另一种文化背景下语言的表述、思考的交叉、观念的碰撞等方面的技巧或能力,获取专业所需要的信息。

一、工程技术英语概述

随着互联网时代的到来,科技交流更加频繁,作为通用语的英语在科技活动中的作用更加凸显,科技英语也因此逐渐获得学界认同。作为科技英语的一个分支,工程技术英语近年来取得了长足的发展,已经逐步发展成为一门专门的英语语体。

工程技术英语(English for Engineering and Technology)就是用英语表述或传达工程项目建设或者技术实践活动的专业语言。它和科技英语非常相似,又不尽相同。狭义上来说,科技英语描述的是一般科普知识,而工程技术英语则更具专业性,涉及具体工程项目,例如业务谈判、技术讨论、工程会议、工程合同等方方面面。广义上来说,科技英语涵盖工科、人文、理科等方面的专业英语,因此,可以说工程技术英语是科技英语的一个分支,其特点包括专业性强、逻辑严谨、内容确切、结构严密、主题单一、事实描述、表达客观、词汇专业、句式复杂、文体程式化等。

二、工程技术英语特点

工程技术英语属于科技英语的具体化,其语言特征主要表现在词汇、词法、句法、文体等方面。

(一) 工程技术英语词汇量大

工程技术英语词汇特点包括:① 普通词专业化,例如,pig(猪)在材料工程中为"金属锭块"、cat(猫)在机械工程中为"吊锚、履带拖拉机"、cock(公鸡)在机械工程中为"旋塞,吊车",等等。② 一词多专业化,例如,transmission 在电气工程领域意为"输送"、在无线电工程领域意为"发射、播送"、在机械工程领域意为"传动、变速"、在物理学方面意为"透射"、在医学工程领域是"遗传"。③ 词汇专业化,例如,diaphragm(振动膜)、adrenal(肾上

腺的)、sulfate(硫酸盐)、turbine(涡轮机),等等。④ 直接使用希腊语或拉丁语,例如,
therm 热(希腊语)、thesis 论文(希腊语)、parameter 参数(拉丁语)、radius 半径(拉丁语)。
这些希腊语或拉丁语来源的词的复数形式有些仍按原来的形式,例如,thesis 的复数是
theses,stratus 的复数是 strati,但是也有不少词汇由于在英语里使用时间较长,除了保留
原有的复数形式以外,还有符合英语习惯的复数形式。例如,formula(公式,拉丁语)的复
数形式可以是 formulae,也可以是 formulas;stratum(层,拉丁语)的复数形式可以是
strata,也可以是 stratums。

(二) 工程技术英语词法丰富

词法是指通过各种构词方法创造出新的词汇以及词汇的运用特征。工程技术英语词
汇主要通过派生法、合成法、混合法和缩略法等来构成新的词汇。

1. 派生法(Derivation)

派生法主要是在词根的基础上利用前缀、后缀进行词汇变化,创造出新词,此构词法
是工程技术英语构词的重要手段。通常而言,增加前缀构成新词只改变词义,不改变词
类。例如:

> decontrol(取消控制)v. —de+control(control 是动词)
> ultrasonic(超声的)a. —ultra+sonic(sonic 是形容词)
> subsystem(分系统)n. —sub+system(system 是名词)

有些增加前缀的派生词在前缀和词根之间有连字符。例如:

> hydro-electric(水力的)、non-metal(非金属)

增加后缀构成新词可能改变词义,也可能不改变词义,但一定改变词类。例如:

> electricity(名词)—electric+ity(electric 是形容词)
> liquidize(动词)—liquid+ize(liquid 是名词)
> conductor(名词)—conduct+or(conduct 是动词)
> invention(名词)—invent+ion(invent 是动词)

还有一些派生词增加后缀后,语音或拼写可能发生变化。例如:

> simplicity(单纯)—simple+icity
> maintenance(维修)—maintain+ance
> propeller(推进器)—propel+l+er

2. 合成法(Compounding)

合成法是将两个或两个以上的单词组合在一起构成新的词汇。这类词汇通常有两种
形态。一类没有连字符连接,例如:

> water+power—waterpower 水力、水能
> metal+work—metalwork 金属制品

power＋plant—powerplant 发电站

wave＋length—wavelength 波长

另一类则有连字符连接,例如:

pop＋up—pop-up 弹出

front＋user—front-user 前端用户

plug＋and＋play—plug-and-play 即插即用

time＋consuming—time-consuming 耗时的

earth＋moving—earth-moving 推土的

3. 混合法(Blending)

混合法是将两个单词的前部拼接、前后拼接或者将一个单词的前部与另一单词拼接构成新的词汇。例如:

smog—smoke＋fog 烟雾

codec—code＋decoder 编码译码器

compuser—computer＋user 计算机用户

syscall—system＋call 系统调用

motel—motor＋hotel 汽车旅馆

podcast—iPod＋broadcasting 播客

comsat—communication＋satellite 通信卫星

bit—binary＋digit 二进位数字

4. 缩略法(Shortening)

缩略法是把较长的英文单词取其首部或者主干构成与原词同义的短单词,或是将组成词汇短语的各个单词的首字母拼接为一个大写字母的字符串。随着科技的发展,缩略词在文章索引、前序、摘要、文摘、电报、说明书、商标等科技文章中频繁使用。缩略词的出现方便了印刷、书写、速记和口语交流等,但它同时也增加了阅读和理解的困难。缩略法可分为以下几种形式。

(1)截短法。就是将某些较长、难拼难记、使用频繁的单词压缩成一个短小的单词,或取其头部,或取其关键音节。主要以截取单词的词尾、词首、词腰为主。

a. 截词尾:fax—facsimile(电传);lab—laboratory(实验室);auto—automobile(汽车);gas—gasoline(汽油);memo—memorandum(备忘录);math—mathematics(数学)。

b. 截词首:copter—helicopter(直升机);dozer—bulldozer(推土机);drome—aerodrome(飞机场);quake—earthquake(地震)。

c. 截词腰:fluidics—fluidonics(射流)等。

d. 截首尾:flu—influenza(流感);fridge—refrigerator(冰箱);script—prescription(处方)。

(2)缩略法。就是为了记忆或者使用方便,对单个单词进行缩略,符号化。例如:

ft＝(foot/feet) 英尺；cpd＝(compound) 化合物；IMP＝(import) 进口；
INV＝(invoice) 发票；CR＝(credit) 贷方，债主；WT＝(weight) 重量

（3）缩写法。将某些词组和单词集合中每个实意单词的第一或者首几个字母重新组合，构成一个新词，作为专用词汇使用。主要有四种形式。

a. 通常以小写字母出现，并作为一个常规单词。例如：

radar＝(radio detecting and ranging，无线电探测与定位) 雷达，laser＝(light amplification by stimulated emission of radiation，受激发射光放大器) 激光

b. 以大写字母出现，具有主体发音音节。例如：

AIDS [eɪdz] (Acquired Immune Deficiency Syndrome) 艾滋病
BASIC ['beɪsɪk] (beginner's all-purpose symbolic instruction code) 初学者通用符号指令代码
NATO ['neɪtoʊ] (North Atlantic Treaty Organization) 北大西洋公约组织
OPEC ['əʊpek] (Organization of Petroleum Exporting Countries) 石油输出国组织
IELTS ['aɪelts] (International English Language Testing System) 国际英语语言测试系统（雅思）

c. 以大写字母出现，没有读音音节，仅为字母缩写。例如：

CAD—(computer assisted design) 计算机辅助设计
IT—(information technology) 信息技术
DNA—(deoxyribonucleic acid) 脱氧核糖核酸
ISBN—(International Standard Book Number) 国际标准书号
DBMS—(Data Base Management System) 数据库管理系统
ATM—(automatic teller machine) 自动柜员机

d. 以大写字母或者小写字母出现，通常都是单词的首字母，之间用"/"或者"."隔开。例如：

N. W. —(net weight) 净重
L/C—(letter of credit) 信用证
B/L—(bill of lading) 提单
h. o. —(head office) 总部
D/P—(document against payment) 付款交单
T/T—(telegraphic transfer) 电汇

（4）借用法。借用法指借用外来语的缩略词。这类词多源自拉丁语，这类缩略词的特点是小写字母居多，且都带有标点符号。例如，c. f. (confer 比较)；b. i. d. (bis in die，一

日两次);ad val.(ad valorem 按价)等。

（5）变体法。随着科技快速发展,出现了许多根据发音改变字母拼法的英语词汇。例如,quick—quik;tech—tek;Christmas—X'mas。

（三）工程技术英语句法复杂

乔姆斯基认为,语言知识使人们可以用创造性的方式使用语言。人们一旦掌握了某种语言,就意味着掌握了将该语言中的声音与意义相匹配的规则系统,从而可以用一种具体的方式创造出该语言中无限多个可能的句子。通俗地讲,句法就是研究句子的各个组成部分及其排列顺序,句法研究的是句子的内部结构,以词作为基本单位。

工程技术英语追求概念准确、逻辑严谨,因此在句式上会大量使用名词、名词性词组或短语和名词化结构。换句话说,工程技术英语的句法特点是具有用词名词化(Nominalization)倾向。名词化指性作用的名词性转化,例如,发挥名词作用的非谓语动词、动作性名词、动词性名词、名词连用形式和以名词为中心构成的词组等,其具有结构简单明了、用词简洁、结构紧凑、表意客观、信息容量大等特点。在具体的句式表现为常使用名词化结构、非谓语动词结构、被动结构、第三人称或非人称句式、虚拟语气句式和长句等形态。

1. 名词化结构特征

名词化结构是指以名词或动词名词化的词为中心词和其有内在逻辑关系的修饰语构成一个名词的短语。动词名词化词包括行为动词(与动词同根的或由动词派生的)、名词性动名词(指不具备动词特征的)和动名词(指兼有动词特性的)三种,统称为动作性名词。

（1）动作性名词

动作性名词就是有动词性的名词,但同时不能忽视词本身的名词性的静态特征,也就是兼有动态特征和静态特征的名词。这在工程技术英语运用中比较普遍,主要是契合英语语言作为静态语言的特征,同时能通过静态语言强调动作性。例如:

① the **discovery** of electromagnetic wave

译文:电磁波的发现

② an **examination** of the object with an ordinary microscope

译文:用普通的显微镜查看一个物体

（2）动词性名词

动词性名词就是指以动词＋ing 的词为中心词或与其有内在逻辑关系的修饰语构成的名词短语,兼有动态特征和静态特征,在工程技术英语运用中比较常见,主要是契合英语语言作为静态语言的特征,同时强调动作性。例如:

① the **recovering** of distillates is also performed in the vacuum unit

译文:蒸馏装置的恢复也是在真空装置中进行的

② the **combining** of hydrogen ions with chloride ions in the solution

译文:氢离子与氯离子在溶液中结合

（3）名词连用

名词连用是指名词中心词前有许多不变形态的名词，充当其前置形容词修饰语。英语语法中称其为"扩展的名词前置修饰语"（Expanded Noun Premodifiers）。例如：

> oil pump 油泵
> semiconductor devices 半导体元件
> pressure difference 压强差
> illumination intensity 照明强度

（4）以名词为中心构成的词组

该种词组构成通常是"动词＋名词/动名词＋介词"结构，名词是整个词组的中心词，动词只是起着语法功能。使用名词为中心词所构成的动词词组表示动词概念，可使谓语动词形式多样、新鲜活泼，增加行文的动感。例如：

> make use of 利用
> throw light upon 阐明，使……清楚
> take notice of 注意
> have trouble in 做……有困难

2. 非谓语动词结构特征

非谓语动词，又叫非限定动词，指在句子中不是谓语的动词，主要包括不定式、动名词和分词（现在分词和过去分词），即动词的非谓语形式。非谓语动词除了不能独立作谓语外，可以承担句子的其他成分。在工程技术英语中，动词的非谓语形式被广泛运用，特别是分词短语用作后置定语的现象更为常见。形成这一现象的主要原因包括：其一，工程技术文本大多是介绍和说明事物之间的关系、事物的位置和状态变化，例如，机械、产品、原料等的运动、来源、型号、加工手段、工艺流程和操作方法等，往往要求叙述客观严谨、准确细致。动词的非谓语形式能够满足这些要求，而且能够用扩展成分对所修饰的词进行严格说明和限定；二是该类文本的作者为了完整、准确地表达某一概念或事物，需要对某些词句进行多方面的修饰和限定，为了避免句子过分繁杂冗长，通过使用非谓语动词结构实现语义明确、句型层次分明，便于表达与接受。

（1）不定式形式

不定式（the infinitive）是常见的非限定动词形式。不定式无须与主语保持一致，所以"不定"的含义应该是"不受主语的限定"。不定式的一般形式为"to"加动词原形（"to"被称为不定式的符号，不是介词）。不定式没有"人称""数""时"的变化，但是有"体"和"语态"的变化，在句中的成分多变，可以充当主语、表语、宾语、宾补、名词修饰语、状语等。

① Having observed phenomenon and collected a set of measurements— our experimental data—the next step in the scientific method, in our attempt **to understand** the phenomenon, is **to look for** relationships between the quantities we have measured.

译文：观察完现象、收集完数据之后，我们的实验数据作为科学方法的下一步，尝试了解这一现象，找到我们测量所得的数量之间的关系。

② Computers are used **to perform** a wide variety of activities with reliability, accuracy, and speed.

译文：人们运用计算机进行各种各样的活动，它可靠、准确而且快捷。

③ Laptop computers and PCs have large amounts of internal memory **to store** hundreds of programs and documents.

译文：笔记本电脑和个人电脑拥有大量内存来存储成百上千的程序和文件。

④ One savant went so far as **to express** pity for those who would follow him and his colleagues, for they, he thought, would have nothing more to do than **to measure** things to the next decimal place.

译文：一个学者甚至认为他及他的同行的后继者们很可悲。因为在他看来，那些后继者们除了把测量结果精确到小数点再后面一位，将再无所作为。

(2) -ing 分词形式

"-ing 分词"包括传统语法中的"现在分词"（present participle）和"动名词"（gerund）。因为这两种非限定动词具有相同的词尾，有时很难判断"-ing"形式究竟是现在分词还是动名词，所以我们就以"-ing 分词"来直观称呼。"-ing 分词"没有"人称"和"数"的变化，也没有"时"的变化，但仍有"体"和"语态"的变化。"-ing 分词"可以带有自己的宾语、状语、逻辑主语等成分，构成分词短语，充当主语、宾语、补语等句子成分。

① **Using** antibiotics to tamper with this complicated and little-understood population could irrevocably alter the microbial ecology in an individual and accelerate the spread of drug-resistant genes to the public at large.

译文：使用抗生素来干扰复杂而知之甚少的菌体，这不可避免地改变了个体微生物的生态系统，从而大大加速了抗药基因的普遍传播。

② The researchers remedied this by **drawing** blood from the primates at regular intervals to thin the **remaining** blood enough to circulate properly.

译文：研究人员对此实验进行了改进，他们每隔一段时间提取短尾猿的血液以稀释其体内的剩余血液，保证血液可以正常循环。

③ For security purpose, **being** able to track location could mean **locating** interlopers that manage to penetrate the defense protecting the Wi-Fi network.

译文：就安全而言，能够追踪定位意味着可以对那些企图攻破保护无限保真网的防火墙的入侵进行定位。

④ The study of electricity had hardly begun when Franklin, in 1752, conducted his dangerous kite experiment in a thunderstorm, **founding** the science of atmospheric electricity.

译文:电学研究刚一开始,富兰克林就于 1752 年在雷暴雨中进行了危险的风筝实验,从而奠定了大气电学的基础。

⑤ The **overriding** conclusion of this assessment is that it lies within the power of human societies to ease the strain we are putting on the nature services of the planet,while **continuing** to use them to bring better **living** standards to all.

译文:这个评估报告最重要的结论是,如何在利用地球生态系统提升人类生活水平的同时,缓解我们对其所施加的压力,这完全取决于我们人类社会。

(3) -ed 分词形式

"-ed 分词"(-ed participle)即传统语法中的过去分词。"-ed 分词"的基本作用是构成完成体和被动语态(限及物动词),此外还有其他功能,例如在句中作表语、宾语补语、名词修饰语(定语)、状语等。

① The MEMS(Micro-electromechanical Systems)part,**made** by Analog Devices Inc. of Wilmington,Massachusetts,and other firms,is a tiny chunk of silicon **suspended** in a cavity.

译文:由麻省威明顿市模拟设备公司与其他公司合作制造的微型机电系统部件是悬挂在凹处的一小块硅。

② Cryptography also enables Bob to check that the message **sent** by Alice was not modified by Eve and that the message he receives was really sent by Alice.

译文:密码学知识可以帮助鲍勃核查由爱丽丝发出的信息没有经过夏娃的修改,以及他所获取的信息确实是由爱丽丝发出的。

③ The mice that **injected** with the gene stayed slender,even when **fed** a high-fat diet,but also developed an unusually large number of slow-twitch muscle fibers,the type the body relies on during **extended** exertion.

译文:注入这种基因之后,这些老鼠甚至在被喂养高脂肪食物后依然保持苗条,但是它们体内也产生了相当数量的慢速肌肉抽搐纤维,即在身体进行持久运动时所依赖的纤维。

④ While the initial thought of RPR,as **devised** by vendors,was effectively to replace SONET,the realization quickly that such a proposition would not fly in a traditional carrier's network where SONET still rules.

译文:设备制造商最初推出 RPR(弹性分组环)的想法是有效取代 SONET,但是后来很快意识到这种想法是不现实的,因为 SONET(同步光纤网标准)在传统运营商的网络中依然处于主导地位。

⑤ All applications，including those **bundled and downloaded** along with free software and with legitimate commercial application，should be readily identifiable by users prior to installation and made easy to remove or uninstall.

译文：任何应用程序，包括那些跟免费软件和合法商用程序捆绑下载的程序，在用户安装之前都必须易于识别，安装后应易于删除和卸载。

3. 被动结构

被动结构在表达上往往信息重点突出、客观公正。科学技术的研究对象是自然界存在的客观实体及其变化过程，科研人员为了认识客观事物、揭示其内在的规律性，在进行科学研究时必须采取严肃认真、实事求是的态度。在研究工作中，他们习惯于客观地观察和分析问题，重视事物自身的性能、特征和规律，重视研究方法及获得结果的真实性，因而在论述工程技术问题时必然会较多地使用无生命的第三人称语气（非人称语气），力求对研究对象和研究过程做出客观而准确的陈述，避免主观因素和感情色彩，被动结构恰恰能满足这种表达上的需要。因此，被动结构在工程技术英语中往往得到更为广泛的使用，有时可以占到全部谓语动词的三分之一，甚至一半以上，这和该结构能够紧凑而简练地表现出技术文献的准确、严谨和精练特征是分不开的。

① Objects containing sensors can interconnect with one another and **can be monitored** by distant servers or people.

译文：带有感应器的物体可以彼此相互联系，并且可以被服务器或人们远程监控。

② The surface of the solid model **is** then **divided into** triangles，typically "PHIGS".

译文：固体模块的表面随后被分成三角形态，典型的"程序员层次交互式图形系统"。

③ Nanomaterials that are near commercialization and **are produced** in large quantities as freely dispersible nanoparticles，with the potential of substantial exposures in humans and the environment，**should be** probably **given** preference.

译文：可自由分散的纳米粒子具有在人体和环境中发挥重大作用的潜质，接近商用化并能被大批量生产，诸如此类的纳米材料或许应该成为人们的首选。

④ Much can **be learned** from research into the adverse health effects of ambient particulate matter （PM），where progress was slow until major mechanistic hypotheses **were introduced.**

译文：在周边颗粒物质对健康副作用的深入研究中，我们能够获取很多信息，而在重大的机械论假说诞生以前，这一领域的进展一度非常缓慢。

⑤ When a user requests a set of resources，it must **be determined** whether the allocation of these resources will leave the system in safe state.

译文:当用户要求一组资源时,必须确定这些资源的分配会让系统处于安全状态。

4. 第三人称或非人称句式

工程类英语文章侧重叙事推理,强调信息的客观准确,因此很少使用第一、第二人称,大多情况下使用第三人称来叙述。

① **Micromechanical systems** can be defined as miniature systems integrating several microfabricated components, with sizes in the micro-to-millimeter range.

译文:微机械系统可以这样来定义:结合不同微型结构部分的微型系统,其尺寸范围在微米到毫米之间。

② **It** was believed that micromechanics would improve surgery of the future by enabling both new surgical instruments as well as new implantable devices, and so it did.

译文:过去人们相信,微型机械可以通过新的手术器械和新的可植入设备来改善未来的手术,事实也的确如此。

③ To add to the befuddlement, **the expansion of the universe** now seems to be accelerating, a process with truly mind-stretching consequences.

译文:更让人困惑的是宇宙似乎正加速膨胀,这一过程的结果很难预料。

④ When reading a thermometer, **it** is essential to hold the instrument in an upright vertical position, otherwise the reading may be wrong.

译文:取温度计读数时,一定要使温度计保持直立的位置,否则读数可能有误。

⑤ **Copper** is an important conductor, both because of its high conductivity and because of its abundance and low cost.

译文:铜是一种重要导体,因为它的导电率高,而且资源丰富,价格又低。

5. 虚拟语气句式

语气(mood)指的是句子中所用的动词形式,是动词的一个独立语法范畴,就像动词的时(tense)、体(aspect)和语态(voice),都属于动词的语法范畴。虚拟语气(Subjunctive mood)用来表示说话人的愿望、请求、意图、建议、怀疑、设想等未能或不可能成为事实的情况,以及在说话人看来实现可能性很小的情况。工程类英语文章使用虚拟语气多数情况下是对未来的一种推测或预测,通过多维假设来最终寻求最佳路径或结果。

① **If** that **were** true for galaxies, the most distant visible objects in the sky **would be** receding at velocities just shy of the speed of light.

译文:如果星系运动符合多普勒效应原理,那么离地球最远的物体就会以小于光速的速度远离我们。

② Cold molecular things such as life forms and terrestrial planets **could not have come** into existence unless the universe, starting from a hot big bang, **had expanded and cooled.**

译文:如果起源于大爆炸的宇宙没有膨胀和冷却,那么诸如生物和类地行星等冷分子物质就不可能出现。

③ **Given** a particular output, it **should be** difficult to find a message that has that particular output(for cryptograhoers this means the hash function is "one way").

译文:对于特定的输出,应该很难找到具有该特定输出的信息(对密码学家而言,这意味着哈希函数是"单向"的)。

④ **Given** the dangers it represents, it is important that businesses and government **work** together to address the issue and safeguard the productivity and security of the Internet computing environment.

译文:考虑到它所表出的危险,企业和政府必须共同努力解决这个问题,并保护互联网计算环境的生产力和安全性。

⑤ Gas molecules move in all directions, otherwise the color could not spread throughout the bottle.

译文:气体分子是到处运动的,不然的话,颜色就不可能扩散到整个瓶子。

6. 长句句式

英语是形合性语言,注重语言形式上的连贯,通过连贯性来表达内在的逻辑关系,因此,英语句型相对更为复杂。形象地说,英语句子仿佛是"参天大树,枝叶横生",即便是简单句也会有许多修饰性或限制性的成分。句子的主谓就是主干部分,其他的修饰部分就是枝叶。对主从复合句而言,主句就是主干部分,分句就是主干之外的枝叶部分。工程技术英语为了准确地下定义,描述生产过程和工艺流程等,往往会使用较长较为复杂的句型。在长句中,介词、连词或关联词往往起着纽带作用,各种修饰成分包括后置定语、非谓语动词、同位语、宾语从句、定语从句、状语从句等,往往置于主要成分之前或之后。

① What emerged from this realization was a new method of planning and development in which designers learned that they first had to identify the purpose and performance expectations before they could develop all the parts that made up the system as a whole.

译文:在这一认识基础上产生了一种计划与开发的新方法。该方法使设计人员明白,必须确定该系统的目的和预期功效,然后才可以发展组成整个系统的各个部门。

② Thermostatic chambers are used to measure algal growth as a function of nutrient concentrations, sediment cores are examined in the laboratory to investigate sediment-water interactions without disturbance from other ecosystem components reaction, chambers are used to find reaction rates for chemical processes, and so on.

译文:恒温室被用于测量海藻营养浓度的增长;沉积物岩心在实验室里被检测,用于了解在无其他生态系统成分干扰的情况下,水沉淀物之间的相互作用;反应室被用于探寻化学反应过程的反应速率等。

③ So they decided to test whether the activity of the glymphatic system changed during sleep, Lulu Xie, the new study's first author, spent the next 2 years training mice to relax and fall asleep on a two-photon microscope, which can image the movement of dye through living tissue.

译文:所以他们决定进行试验,测试脑部淋巴系统活动在睡眠时是否发生改变。该项新研究的第一作者谢露露在接下来的两年中训练老鼠,让它们在双光子显微镜下放松入眠,这种显微镜可以通过活体组织看到染料的活动情况。

④ Already successfully trial-produced, and going into regular production, are a great many pocket radios, TV outside broadcast vehicles and receivers, electronic computers and other precision instruments using integrated circuits.

译文:大量使用集成电路的设备,如袖珍半导体、电视室外广播发射车和接收器、电子计算机和其他精密仪器已经试制成功并投入正式生产。

⑤ We're so used to thinking of calories as the enemy that we forget they are really units of fuel drawn from three sources—carbohydrates, proteins and fats—and turned into two basic kinds of energizers: glucose and fatty acids.

译文:我们习惯把卡路里视为敌人,却忘记了它们源于三种物质:碳水化合物、蛋白质和脂肪,之后这些物质转化成葡萄糖和脂肪酸两种基本的能量。

当然,工程技术英语除了以上句法特征,还有 as 结构句型、省略句结构句型、it … that … 等结构句型等,本节不再一一赘述。

(四) 工程技术英语文体规范

文体是指独立成篇的文本体裁(或样式、体制),是文本构成的规格和模式,是一种独特的文化现象,也是某种历史内容长期积淀的产物。它反映了文本从内容到形式的整体特点,属于形式范畴。工程技术英语文体是顺应科学技术的发展需要而产生的,并随其发展而不断发展,其范畴相当广泛,与其他多种文体相交。根据文体的正式程度,工程技术英语文体大致可以分成两大类:一是工程技术论文;二是工程技术应用文。前者包括研究论文、综合论述等文体,后者则包括研究应用文(如研究报告、科技成果报告、调查报告、实验室实验报告等)、事物应用文(如协议与合同、技术鉴定书、产品目录和说明书、发明专利申报书与自然科学奖申请书、技术信函与会议纪要等）、情报应用文（如文摘、综述、简报、新闻等）、科普应用文（如知识性科普作品、技术性科普读物等）等。

工程技术英语的文体特征具体体现在以下几个方面：首先，工程技术英语文体非常程式化。即使是某些正式程度很高的工程技术文献，其语言程式、体例甚至部分格式也大致不变。其次，工程技术英语文体相当复杂化。工程技术文体往往体中有体，类中有类，可以从文献的品种、级别、内容、来源等多个方面对其进行划分。其一，按照文献品种来分：科技文献资料品种繁多，包括文摘、论文、标准、专利、会议记录、实验报告、政府研究报告、技术合同、意向书、产品样本等多种形式，不同的文献品种具有不同的语言特点、体例和检索方法。其二，按照文献级别来分：技术文献分为一次文献、二次文献和三次文献。其三，按照文献内容来分：当代科学以学科分支相互渗透为特征，很少囿于某一个或两个专业。其四，工程技术英语文体的来源十分广泛，不仅来自英语国家，也会来自非英语国家，还会出现不少 German English，Japanese English 等情况，因此可能存在语法、拼写、印刷甚至数据或材料的错误或不统一。

1. 工程技术论文文体

该文体属于书面语，文字结构严谨、朴实无华，多用被动句和复杂的长句。一般遵循形式逻辑的基本规律，行文、叙事、论证、推断逻辑性和连贯性较强，通常按照逻辑顺序来表达科学概念的复杂体系，且表意清晰，具有较强的层次感。

① The Ada is a new computer language that is still being designed. It is sponsored by US Department of Defence (DOD). Ada is called after a "friend" of Charles Babage，who pioneered computers. It will probably become the DOD's standard for programming the computers built into its weapon system. Some people believe that Ada could also replace every other computer language but one (Cobol) in civilian use. When all the US's military computers "speak" Ada，other NATO countries will have to follow suit. But the language will be just as suitable for controlling all sorts of equipment—from production lines and robots to communication networks.

② A better understanding of such dynamics is important in order to understand fluctuations in the demand for travel and the performance of the transportation system. An additional rationale for developing this dynamic frame work for the allocation of time and money is that households' investments in new technologies (such as telecommunication tools, navigation systems but also multimedia entertainment systems) increasingly impact on the utility derived from activities and the efficiency with which they can be carried out. This in turn will have an effect on the way in which time and money are allocated in an optimal way to activities.

2. 工程技术应用文文体

该文体种类繁多,大都具有一定的程式和用语特点,用词简练、句式简单、多使用短句,采用平铺直叙的方式。还有一些科普性文章语言轻松快活,具有一般文学作品的特色,融知识性和趣味性为一体的文体特征。

① **How to Use Your Digital Watch**

If your watch is in a continuous display of hour：minutes—Press command button once—month：date is displayed for one or two seconds. Then，hours：minutes will reappear.

Press command twice (quickly)—seconds are displayed，press again continuously and display returns.

If watch is in alternating display hours：minutes to month：date—press command button once—seconds are displayed，press again—alternating display returns.

② **The Difference Between Man and Machine**

Probably the clearest difference between man and machine is a quantitative one. The brain has roughly a million times as many parts as the best computer. On the other hand, the difference may lie in a spiritual factor, embraced by religion. At any rate, a machine cannot exercise free will or originate anything—not yet. Whether it ever will is still an open argument.

第三节　英汉两种语言对比

　　语言是文化的组成部分,是信息的载体,也是文化的载体。某一社会的语言是这个社会文化的组成部分,每一种语言在词语上的差异也都会反映出使用这种语言的社会、事物、习俗以及各种活动在文化方面的重要特征,比如物质文化、社会文化、宗教文化和语言文化等。

　　不同语言之间的差异不仅表现在语言、词汇和语法这些语言形式上,而且表现在语言文化特征上。语言文化特征不仅涉及一种语言所代表民族的心理意识、风土人情、宗教信仰和历史传统等因素,而且涉及历史文化、地域文化、习俗文化、宗教文化等方方面面,范围广泛庞杂、内涵丰富多彩。

　　世界上每个民族都有各自引以为豪的语言,每一种语言都有其自身的特点,不同的民族具有不同的语言风格、审美观及语言逻辑思维方式。汉语和英语是世界上的两大重要语言,代表着中西两种文化。由于人类的居住生态环境有别,各国的历史不完全相同,各国人民创作的物质文明也有许多不同之处,特别是语言特征和表情达意的手法上存在诸多区别,这些都是文化交流的障碍,有些障碍甚至不可逾越,这是造成翻译局限性的首要原因。语言之间的比较是比较语言的共性,而语言之间的对比则是比较语言之间的差异。英汉两种语言在语音、词汇、语法、修辞、篇章、语用等方面存在很大的差异。吕叔湘先生曾说过,“要认识汉语的特点,就要跟非汉语比较;要认识现代汉语的特点,就要跟古代汉语比较;要认识普通话的特点,就要跟方言比较。无论语音、语汇,还是语法,都可以通过对比来研究”。在英译汉或汉译英的过程中,只有先了解中英文化的不同,充分认识英汉两种语言的差异及各自的特点,掌握不同的表达习惯,才能准确地把握英语的语言特点,领会原文的含义及精神风貌,才能把这种“特点”和“风貌”真实地反映到译文中。在跨语言、跨文化的翻译交际过程中,难免会出现差异,探索语言、文化的差异性并分析其原因,有利于避免产生失误,提高翻译质量。众所周知,英语重客体,重形式上的逻辑关系,汉语重关系,重意合,重主体;汉语重人际关系,英语重客观事实;汉语重含蓄,英语重精确。这些都是英汉两种语言在风格上和文化上的差异,正是这些差异造成了翻译过程中的种种障碍和难题。

　　语言的表达方式不仅与文化有着密切的关系,而且与思维及逻辑方式有着密切的关系,这种思维及逻辑方式的差异在语言表达方式上的表现既存在于语篇的思路和结构上,也存在于句子层面上。

　　不同的文化渊源造成英汉民族的思维方式和思维形态各不相同。一个民族的文化相异于另一个民族的文化最关键的地方就是思维方式,因为一个民族典型的思维方式往往是其一切精神文明产生的基础。季羡林先生认为差异的关键在于思维模式:东方重综合,西方重分析。对于中西文化哲学传统的特征,潘文国教授曾做过一个既概括又贴切的对比:"中国人似乎更长于总体把握,而西方人善演绎;中国人强调群体,西方人强调个体;中国人重悟性,西方人重理性;中国人善形象思维,西方人善逻辑思维。"陈宏薇认为中国和西方的思维方式主要有四点区别:中国人重直觉与具象,西方人重理性与逻辑;中国人重整体,西方人重个体;汉语频繁使用对仗修辞格和四字词组;汉语重意念,英语重形式。语言与思维的关系是一种互相依存、互相作用的双向互动关系。翻译不仅是语言交际活动也是思维活动,思维决定语言的表达方式,而语言表达方式是思维的具体表现形式。如语言学家所言,英语的思维模式是由点及面的外展螺旋式,其表达方式是由小到大,由近及远,由重到轻,由强到弱。以家庭住址为例,英语先说门牌号码,然后再说街道、城市、州、国家,而汉语则是按照国家、省市、街道、门牌的顺序。

一、形合与意合

英语重形合(hypotaxis),英语语言符号之间有较强的逻辑关系;汉语重意合(parataxis),汉语句子主要通过字词的意义进行联结。汉字起源于象形文字,文字的图形表示其意义,并引起意义上的联想,发展形象思维;英语是拼音文字,字母是基本的文字表达符号,词的拼写与发音按一定的发音规则形成逻辑关系,字母对意义而言只是意义的替代符号,语言信息的表达依靠符号按一定的语法逻辑关系排列组合,所以,英语是一种重形式逻辑的语言。

英语在词形变化上除了通过词的派生表示词性或词义的变化外,还有名词的复数形式、动词时态形式、人称代词格的形式等,这些词的形式变化可以表示意义的变化。汉语里却没有这种词形变化,虽然汉语中也有一些字词可以通过偏旁部首的改变而产生词义的改变,例如,"他"可以改变偏旁部首变为"她";但在多数情况下是通过增加、减少或改变字词的方法引起意义上的变化,如"男大夫""女演员"等。在句子结构上,英语句子的各个成分需要由各种连词、介词、关系词等连接起来,尤其强调句子成分之间的从属、修饰、平行或对比等关系。相比之下,汉语句子成分之间的辅助词要少得多,句子成分主要靠意义连接。

① Accomplishment is often deceptive because we don't see the pain and perseverance that produced it. So we may credit the achiever with brains, brawn or lucky break and let ourselves off the hook because we fall short in all three.

译文:成就常常使人产生错觉,使人只看到功成名就,却看不到成就的来之不易和为之所付出的艰辛困苦,总以为成功者之所以成功是因为人家身体棒、脑子灵、运气好,从而为自己找借口开脱,说自己没有获得成功是因为自己不具备上述这三条。

解析:这两句话都是典型的英语主从复合句,由"because"引导原因状语从句,主句在前,从句置后。第一句中的"because"原因状语从句后带有一个由"that"引导的定语从句。

汉译时虽保留原文主语作主语，但并未将状语从句直接译出，而是将主从句整合译成四个并列分句。第二句的主句中"with"介词短语作"the achiever"的定语，连词"and"连接并列谓语"let ... "；"because"引导状语从句，其从句中的"all three"作"fall short in"的状语，翻译时将"because"译成了状语说明自己失败的原因，并且把作定语用的介词短语"with brains, brawn or lucky break"译成了状语来说明"the achiever"成功的原因是人家"身体棒、脑子灵、运气好"。汉语译文意义清楚完整，表达符合汉语习惯。从结构上来说，英语呈现了重形合的特点，从表达上来说，汉语展现了重意合的优势。

② And yet it almost provokes a smile at the vanity of human ambition, to see how they are crowded together and jostled in the dust; what parsimony is observed in doling out a scanty nook, a gloomy corner, a little portion of earth, to those, whom, when alive, kingdoms could not satisfy; and how many shapes, forms, and artifices are devised to catch the casual notice of the passengers and save from forgetfulness, for a few short years, a name which once aspired to occupy ages of the world's thought and admiration.

译文：现在这些伟人只是横七竖八地挤在一起，埋在黄土中；他们在世之时，堂堂英国却不足以供他们驰骋，如今却遵照经济的原则，他们只分得那么小的一块土地，那么黑暗而又贫瘠的一个角落；他们曾企图让声名占有世人的思想，获得人人的敬美。如今他们的坟墓却千方百计地雕出种种装饰，只是为了吸引游客偶然的一顾，免得在短短的几年中就把他们的名字匆匆忘怀。看了这些，想到人生的虚空，我又几乎忍不住要粲然一笑了。

解析：该句的翻译在语序的处理上完全打乱了英语原文的语序，英语以意义的主次轻重安排，汉语则按自然顺序排列，没有顺次照搬，而是按照事情的内部逻辑顺序依次道来，把主句"... it almost provokes a smile at the vanity of human ambition, to see ... "中"it"所表示的内容译出前置，主句的谓语译在最后，该断即断，要截便截，需连则连，能接就接，前呼后应，一气贯通。句子散而不乱，潇洒自然，正好表现出原作的思想内容与风格。

二、繁复与简短

"英国人写文章往往化零为整，而中国人则化整为零"，这体现出英汉两种语言在篇章结构方面和句子互译方面的差异。在汉译英的过程中，常常需要将汉语的意义片段用不同的关联词按照英语的语法关系将它们连为并列句或复合句；而在英译汉的过程中，则需要将从属或修饰关系的英语句子，根据时间的先后、逻辑的顺序、意思的主次把长句"化整为零"，分切成为若干个意义片段，用结构紧凑的汉语短句，层次清楚地依次译出。

① Harvard Business School opened in the early 20th century, and pioneered the case-study method of teaching—making use of real-world scenarios, instead of relying on academic theory—a methodology that has remained the bases for many MBA programmes around the world today.

译文：哈佛商学院成立于20世纪初，它开了个案研究教学法之先河，即在教学中运用现实生活中的案例，而不是单纯依靠学术理论，这种方法业已成为当今世界MBA课程的基础。

解析：该句是一个复合句，主句由一个主语带有两个谓语"opened"和"pioneered"、一个现在分词短语"making use of … "和介词短语"instead of … "作状语和一个由"that"引导的定语从句，句子结构完整。翻译时按照"化整为零"的特点，把句子切分成不同的片段，从前往后依次译出，符合汉语表达习惯。

② Supporters of GM technology argue that engineered crops—such as vitamin A-boosted golden rice of protein-enhanced potatoes—can improve nutrition，that drought or salt-resistant varieties can flourish in poor conditions and stave off world hunger，and that insect-repelling crops protect the environment by minimising pesticide use.

译文：基因技术的支持者认为，转基因作物，例如，富含维生素A的金稻米或蛋白质增强型马铃薯，可以改善营养；抗干旱或抗盐品种能在恶劣的环境下茁壮生长，避免世界粮食短缺；能够驱蚊虫的农作物则通过减少农药使用而保护环境。

解析：该句同样是一个复合句，包含三个由"that"引导的并列宾语从句，作谓语动词"argue"的宾语。第一个"that"宾语从句中破折号之间的部分为插入成分，表示举例。翻译时可按照汉语"化整为零"的特点，把句子切分成不同的片段，从前往后按顺序译出，符合汉语表达的习惯。

三、静态与动态

英语在表达意义时，喜欢使用静态词汇，例如，名词（抽象名词）、介词短语、形容词、副词以及表示状态的弱式动词（be，have，become，grow，feel，go，come，get，do等）和虚化动词（have a look，take a walk，pay a visit，do shopping，do some reading等）来表示动作意义；而汉语则多使用动态词汇，英译汉时常常需要将原文中表示动作意义的静态叙述转换成汉语的动态叙述。

① Inspiration is the number one cause of greatness. If information is power，then inspiration must be the power of our potential，the power that moves us from the systematic to the spontaneous，from ideas to results.

译文：灵感——伟大成就之源。如果说信息是力量的话，那么灵感便是一种使我们从按部就班到挥洒自如、从构思意念到取得成果的潜能。

解析：翻译该复合句时，把英语静态系动词"is"译成汉语的动态动词"说"，并把"the

power that moves us from the systematic to the spontaneous"和"from ideas to results"两句合并,译成"一种使我们从按部就班到挥洒自如、从构思意念到取得成果的潜能"三个并列介词短语结构,作"the power of our potential"的定语,将其中的几个静态名词"the systematic to the spontaneous","ideas to results"分别翻译成"按部就班到挥洒自如"和"构思意念到取得成果",改变了原文的句法结构,将两句英语合译为一句汉语,译文完全符合汉语表达习惯。

② In order to resolve these problems, the Chinese and American experts agreed that youth organizations should call on the whole of society to create favorable conditions for the healthy growth of young people, as well as to encourage them to meet the urgent needs of society and to challenge the assumption that young people are apathetic and uncaring.

译文:为了解决这些问题,中美两国专家一致认为,各青年团体应该动员全社会,既鼓励青年急社会之所急,又要向那种认为年轻人冷漠无情、对社会漠不关心的思想进行挑战,为他们的健康成长创造有利条件。

解析:英语原文中动词的非谓语形式"to resolve …""to create …""to encourage …""to meet …"及"to challenge …"在句中分别作"In order to"的宾语,"to create favorable conditions for the healthy growth of young people","to encourage them"作"the whole of society"的宾语补足语,"to meet the urgent needs of society"和"to challenge the assumption"作状语等,使整个叙述呈现静态。然而,汉语译文将这些非谓语形式处理成整个句子的目的状语"为了解决这些问题""既要鼓励青年急社会之所急""又要向那种认为年轻人冷漠无情、对社会漠不关心的思想进行挑战",还要"为他们的健康成长创造有利条件",将其转化成动态叙述。

③ One of the ways of further strengthening a solid solution matrix is to obtain a fine distribution of a hard intermetallic compound throughout the structure in order to further restrict deformation mechanisms, while large crystals or networks of such compounds must be avoided however since they can cause embrittlement.

译文:进一步强化固溶体基体的途径之一是:在整个组织中获得细密分布的坚硬的金属间化合物,以进一步限制变形机制;但是必须避免粗大晶粒和金属间化合物的网状组织,因为它们会导致脆性。

解析:英语原文运用动名词或名词 strengthening, distribution, deformation, embrittlement 表现静态特性,而在汉语译文中这些名词都被动化,分别翻译成"强化""分布""变形""脆性"等,表现动态特性。

四、被动与主动

英语重物称(inanimate)，常采用无生命词汇作主语，所以多被动句，并且不指出动作的执行者；而汉语重人称(animate)，习惯用表示人或物的词汇作主语，大都以主动句的形式出现。

① The little cares, fears, tears, timid misgivings, sleepless fancies of I don't know how many days and nights, were forgotten, under one moment's influence of that familiar, irresistible smile.

译文：他那熟悉的笑容有一股不可抵抗的魔力，多少天来牵肠挂肚、淌眼抹泪，心里疑惑重重，晚上胡思乱想睡不着，一看见他，顷刻之间就把一切忧虑忘得精光。

解析： 英文原文用 cares, fears, tears, timid misgivings, sleepless fancies 作主语描绘了"I"(爱米丽亚)在见不到心上人乔治时的焦灼不安、牵肠挂肚、魂牵梦萦的心情。被动语态"were forgotten"译成汉语主动形式"忘得精光"，将少女的思念、忧虑、流泪、睡不着觉的那种热恋的动人情景跃然纸上。

② By August 23 the Seine was reached southeast and northwest of the capital, and two days later the great city, the glory of France, was liberated after four years of German occupation when General Jacques Leclerc's French 2nd Armored Division and the U. S. 4th Infantry Division broke into it and found that French resistance units were largely in control.

译文：到 8 月 23 日，盟军就抵达了巴黎东南面和西北面的塞纳河，两天以后，雅克·勒克莱克将军率领的法国第二装甲师和美国第四步兵师攻进了巴黎。被德国占领了四年之久的这座法国引以为豪的伟大名城就此解放。他们发现法国抵抗运动部队已经基本上控制了巴黎。

解析： 译文将被动语态"was reached"和"was liberated"分别译成汉语的主动形式"抵达"和"解放"，而且在语序上也作了适当调整。

五、变换与固序

英语为了获得句子形式上的平衡或修辞上的强调效果，经常将句中的某些成分的位置进行调整，例如，主谓倒装、宾语后置或与其他成分的位置调换等，以产生修辞上的生动效果。这种句子成分的位置调换在汉语中是没有的，所以，汉译时往往需要对语序进行调整，使其符合汉语习惯表达。

① Mr. Bennet was among the earliest of those who waited on Mr.

Bingley. He had always intended to visit him, though to the last always assuring his wife that he should not go; and till the evening after the visit was paid, she had no knowledge of it.

译文:班纳特先生尽管在太太面前始终都说不想去拜访彬格莱先生,实际上他一直都打算去,而且还是最先去拜访的人员之一。直到他去拜访后的那天晚上,他太太才知道实情。

解析:英语常常通过变换句法结构的方式,巧妙地将重要的东西依次前置,而译成汉语时往往需要按汉语语言习惯恢复正常,但必须确保所强调的重要意思保持不变。例如,"among the earliest of those who waited on Mr. Bingley"在英文原文中位于句首,而译成汉语时却将其放在句末,但其意义和作用并未改变。

② The saga of the White Star liner Titanic, which struck an iceberg and sank on its maiden voyage in 1912, carrying more than 1,300 passengers to their deaths, has been celebrated in print and on film, in poetry and song.

译文:白星公司的班轮泰坦尼克号在1912年处女航中因撞上冰山而沉没,船上1 300多名乘客遇难。此后关于她的种种传说便成为各种刊物、电影以及诗歌、歌曲的内容而广为流传。

解析:这是一个复合句,主句是"The saga ... has been celebrated",其中定语从句"which struck an iceberg and sank"和伴随状语现在分词短语"carrying more than 1,300 passengers to their deaths"位于主句的主语和谓语之间,使主语和谓语相隔甚远;谓语动词后接连用了三个介词短语"in print""on film"以及"in poetry and song"作方式状语,插入这些成分句子显得很长,但是结构完整,关系合理清楚。汉译时把定语从句译成原因状语"因……",现在分词短语译成分句,三个介词短语另译成句子。

本章练习

一、翻译下列主句,注意两种语言转换之间的变化。

1. Iron that is used in industry almost always contains carbon in a certain proportion.

   _____

2. If samples of copper oxide prepared in each of three ways are converted into copper, it is found that the proportions of copper and oxygen are always the same.

   _____

3. In particular, the introduction of high-yield rice in combination with expanded irrigation and a massive increase in the use of (nitrogen) fertilizers and pesticides has significantly improved crop yields.

   _____

4. Such internal combustion engines are more compact than earlier steam engines and can be made to start at a moment's notice, whereas steam engines required a waiting period while water reserve warms to be boiling point.

   _____

5. Human being has the ability to shield themselves from the calamities of nature and the calamities imposed by others.

   _____

6. Existing apparatus may need improvements in durability, efficiency, weight, speed, or cost.

   _____

7. Automatic control has been applied to such electric ovens as they are using now in their plant.

   _____

8. The speed of sound increases slightly with a rise in temperature and falls with decrease in temperature.

   _____

9. Wind farms can alter the nearby rainfall and temperature, suggesting a need for more comprehensive studies of future energy system.

   _____

10. The study by Vautard and colleagues shows that these effects include a mix of more rain and less rain, and warming and cooling, depending on where you are around Europe.

---

11. Although perhaps only 1 percent of the life that has started somewhere will develop into highly complex and intelligent patterns, so vast is the number of planets that intelligent life is bound to be a natural part of the universe.

---

12. Sonar works in water at the speed of sound much in the way radar works in air at the speed of light.

---

13. As a matter of fact, the cost and price of electronic computers have prevented them form other wise wider application.

---

14. Substances of all degrees of electrical conductivity exist, varying from the best conductors to the best insulators.

---

15. While renewable energy is generally more expensive than conventionally produced supplies, alternative power helps to reduce pollution and to conserve fossil fuels.

二、把下面的英文片段翻译成中文,注意两种语言的表达特点。

The word machine has been given a wide variety of definitions, but for the purpose of this article it is a device, having a unique purpose that augments or replaces human or animal effort for the accomplishment of physical tasks. The operation of a machine may involve the transformation of chemical, thermal, electrical, or nuclear energy into mechanical energy, or vice verse, or its function may simply be to modify and transmit forces and motions. All machines have an input and output, and a transforming or modifying and transmitting device.

Machines that receive their input energy from a natural source, such as air currents, moving water, coal, petroleum, or uranium, and transform it into mechanical energy are known as prime movers. Windmills, waterwheels, turbines, steam engines, and internal-combustion engines are prime movers. In these machines the inputs vary; the outputs are usually rotating shafts capable of being used as inputs to other machines, such as electric generators, hydraulic pumps, or air compressors. All three of the latter devices may be classified as generators; their outputs of electrical, hydraulic, and pneumatic energy can be used as inputs to electric, hydraulic, or air motors.

_____

_____

_____

_____

_____

三、把下面的中文片段翻译成英文,注意两种语言的表达特点。

　　正常条件下,较长隧道的挖掘是从两头同时开始,两边的施工队伍缓慢地前进,逐渐靠拢,经过一段时间,有时甚至需要数年的时间,两端隧道才会相遇。这一时刻总是非常令人兴奋的。为了确保两端隧道相遇,两者中心线的测定必须非常精确。例如,挖掘一条10英里的隧道即使开始时的误差仅为100英尺偏半英寸,那么,到了5英里处,偏差就会扩大到25英尺。在此情况下,两端隧道就根本不可能相遇了。所以,刚开始要通过三角测量法建立测线系统,从隧道一端量到另一端,翻山越岭,有时还绕来绕去。要做到精准挖掘,即使是依靠最可靠的地图也不够。通过三角测量法,定了隧道两端的入口线路,而且这两端线路必须一丝不苟地保持其正确性,一直到两端相遇。

_____

_____

_____

_____

_____

四、思考题。

　　1. 请简单介绍一下工程技术发展史及每个阶段主要的技术特征,举例说明。
　　2. 请举例说明工程技术英语的语言、文体等特征。
　　3. 请简单介绍一下英汉两种语言的主要特点,并举例说明。

工程技术英语翻译概述

- □ 工程技术英语翻译的基本概念是什么？
- □ 工程技术英语翻译应该遵循什么样的标准？
- □ 工程技术英语翻译的过程是什么？
- □ 工程技术翻译有什么样的历史？

　　翻译作为一种历史悠久的人类文化交流活动，是促进政治、经济、科学、文化、技术交流的重要手段。在全球化进程中，翻译的重要性日益彰显。随着人类对翻译活动的认识和理解不断深化，翻译理论与实践都取得了巨大成就。回顾两千多年的中西翻译史，翻译的对象由原先的以宗教文献、文学著作、社科经典演进到以经济、科技、媒体、娱乐等非文学性质的实用文献为主。翻译已成为一门独立的学科，具有科学性和艺术性特征。它本身是一个综合的、开放的体系，与许多学科和艺术的门类息息相通，从语言学到文学、哲学、心理学、美学、人种学，乃至数学、逻辑学和新兴的符号学、信息学等都与翻译学有关系。系统、全面地了解翻译的本质、翻译的过程、翻译的标准、翻译的策略及译者任务等，有利于培养译者的翻译意识，从而最大限度地实现两种语言和文化之间的意义传递。

第一节　工程技术英语翻译的概念

翻译的历史源远流长,有着长达两千多年的历史,古今中外对翻译的认识各不相同,这主要是因为翻译活动的复杂性和多面性,其中尚有许多未被人们充分认识的东西。《中国大百科全书·语言文字卷》(1988 年)对"翻译"的定义:"翻译就是把已说出或写出的话的意思用另一种语言表达出来的活动。"《牛津高阶英汉双解词典(第九版)》(*Oxford Advanced Learner's English-Chinese Dictionary*, the 9th Edition)中对"翻译"的定义为:to express the meaning of speech or writing in a different language (将所说、所写的意思用另一种不同的语言表达出来)。维基百科(Wikipedia)将"翻译"定义为:Translation is the communication of the meaning of a source-language text by means of an equivalent target-language text. (翻译是指用对等的目标语文本信息把源语文本信息传递出来的一种活动。)《现代汉语词典》(第七版)对"翻译"的定义为:1) 把一种语言文字的意义用另一种语言文字表达出来(也指方言与民族共同语、方言与方言、古代语与现代语之间的相互表达);2) 把代表语言文字的符号或数码用语言文字表达出来。对于什么是翻译,人们的关注点不同,对翻译的认识亦各有不同。

一、翻译的定义

自从人类出现翻译活动以来,古今中外不少学人都对"翻译"提出了自己的看法,但其内涵基本一致,对"翻译"的定义也并没发生过重大改变。中国宋朝僧人法云给"翻译"的定义是,"夫翻译者,谓翻梵天之语转成汉地之言。音虽似别,义则大同"。(《翻译名义集》卷一)唐代贾公彦在《义疏》中将"翻译"定义为,"译即易,谓换易言语使相解也"。傅雷对"翻译"的认知是:"翻译应该像临画一样,所求得不在形似而在神似;理想的译文仿佛是原作者的中文写作。"(傅雷,2005:2)范仲英认为,翻译是人类交流思想过程中沟通不同语言的桥梁,使通晓不同语言的人能通过原文的重新表达而进行思想交流。翻译是把一种语言(即原语)的信息用另一种语言(即译语)表达出来,使译文读者得到原文作者所表达的思想,得到与原文读者大致相同的感受。(范中英,1994:13)张今认为,翻译是两个语言社会(Language-community)之间的交际过程和交际工具,它的目的是要促进本语言社会的政治、经济和(或)文化进步,它的任务是要把原作中包含的现实世界的逻辑映象或艺术映象,完好无损地从一种语言中移注到另一种语言中去。(周仪,1999:2)方梦之对翻译定义为:"翻译是按照社会认知需要,在具有不同规则的符号系统之间所作的信息传递过程。"(方梦之,1999)孙致礼则认为:"翻译是把一种语言表达的意义用另一种语言传达出来,以达到沟通思想情感、传播文化知识、促进社会文明,特别是推动译语文化兴旺昌盛的目的。"(孙致礼,2011:6)许钧教授将翻译定义为:"以符号转换为手段、意义再生为任务的一项跨文化的交际活动。"(许均,2009:10)陈宏薇等认为:"翻译是将一种语言文化承载的意义转换到另一种语言文化中的跨语言、跨文化的交际活动。意义的交流必须通过语言来实现,而每一种语言都是一个独特文化的部分和载体。我们在转换一个文本的语言信息时,也在传达其蕴含的文化意义。"(陈宏薇,2004:1)翻译的本质是释义,是意义的转换。进入新世纪,语言服务业发展迅猛,翻译的内涵和外延都在不断扩大。穆雷指出:"翻译是语言服务的一种重要形式,是通过各种介质的转换传达包括语言在内的各种符号信息的活动。"(穆雷,2015:19)

美国的《韦氏新编国际英语词典》(*Webster's Third New International Dictionary of the English Language*)将"翻译"定义为:To turn into one's own language or another language.(翻译成本族语言或另一种语言。)英国爱丁堡大学历史学教授亚历山大·弗雷泽·泰特勒(Alexander F. Tytler,1747—1814)在其著作《论翻译的原则》("Essay on the Principles of Translation")中将翻译定义为:"I would therefore describe a good translation to be, that in which the merit of the original work is so completely transfused into another language,as to be as distinctly apprehended,and as strongly felt,by a native of the country to which that language belongs,as it is by those who speak the language of the original work."(Tytle,1907:8-9)他对翻译的理解更加强调译文被译语读者接受,语言能够像原作读者感知的一样。苏联翻译家巴尔胡达罗夫在其著作《语言与翻译》中将"翻译"定义为:把一种语言的言语产物在保持内容也就是意义不变的情况下改变为另外一种语言的言语产物的过程。(巴尔胡达罗夫,1985)苏联语言学派翻译理论家费道罗夫认为,翻译就是用一种语言把另一种语言在内容和形式不可分割的统一中所业已表达出来的东西准确而完全地表达出来。(费道罗夫,1955:3)美国学者尤金·奈达(Eugene A. Nida,2001)认为,所谓翻译,是指从语义到问题(风格)在译语中用最贴切而又最自然的对等语再现源语的信息。首先是语义,其次是文体。(Nida,1964:159)约翰·卡特福德(John Catford)把翻译定义为:把一种语言(源语)的文字材料替换成另外一种语言(目标语)的等值的文字材料。(Catford,1965:21)彼得·纽马克(Peter Newmark)认为,翻译既是科学,又是艺术,也是技巧。(Newmark,2006:28)勒菲弗尔(André Lefevere)提出,翻译是一种再生产,是折射的一种。(Hermans,1999:68)

学者们对翻译的定义,无法形成一个完全统一的标准,因为对翻译定义的每一次新的尝试都会遭受其他学者的批评和指责,所以,翻译理论的发展史在某种意义上就是对翻译一词定义的探讨历史。针对不同学者的定义,我们尝试对翻译的定义做一个归纳:翻译是通过用目标语言把源语言所承载的内容和风格尽可能等值地再现出来的一门科学,同时也是语言服务的重要组成部分,它有时会出现欠额或者超额再现的现象,具有创作性叛逆的特质。

二、工程技术英语翻译

随着中外交流日趋频繁,大规模的项目投资不断出现,例如法国的国际热核反应堆,有美国、欧盟、印度、俄罗斯、中国、韩国和日本等多个国家和组织参与。中国经过40多年的发展，在工程项目领域已经处在世界前列。美国《工程新闻记录》（*Engineering News Record*，*ENR*）杂志发布2019年度"250家国际承包商"（ENR's 2019 Top 250 International Contractors）和"250家全球承包商"（ENR's 2019 Top 250 Global Contractors）排名中，中国都取得了不俗的成绩。"250家国际承包商"根据每个公司在各自国家以外的项目产生的一般建筑承包收入进行排名，3家中国公司进入前十强，10家进入50强。"250家全球承包商"根据每个公司总建筑承包收入进行排名，名列前五名的都是中国公司，中国公司在前50强中占了22家。特别是随着"一带一路"倡议的提出，更多企业得以走出去，大量工程项目得到了有力的推进。而项目的开展离不开语言服务，英语作为国际性语言，成为许多工程项目的通用语，因此工程技术英语翻译应运而生。工程技术英语翻译顾名思义就是讨论如何把工程技术英语转换成另外一种语言的活动"把原语所载的工程技术信息用另一种语言来传达，并力求达到'译语信息＝原语信息'"（谢龙水，2015：2）。工程技术英语翻译是将工程专业学术交流和国际承包工程项目方面的英语文件资料翻译成对应的汉语的工作。（史澎海，2011：2）我们所讨论的工程技术从内涵上来说，技术是工程的基本要素，工程是技术优化的集成，两者有着紧密的联系，互相融合。因此，我们认为工程技术英语翻译（Interpretation and Translation for Engineering and Technology）是指在工程技术实践过程中对各种工程技术文本、工程技术研究、工程技术项目执行等进行的笔译与口译研究与实践活动。

第二节 工程技术英语翻译的标准

　　标准通俗地说是衡量事物的准则。国家标准 GB/T 200000.1—2014《标准化工作指南》第1部分：标准化和相关活动的通用术语中对"标准"的定义是：通过标准化活动，按照规定的程序经协商一致制定，为各种活动或其结果提供规则、指南或特性，供共同使用和重复使用的一种文件。国际标准化组织（ISO）的国家标准化管理委员会（STACO）一直致力于标准化概念的研究，先后以"指南"的形式给"标准"的定义做出统一规定：标准是由一个公认的机构制定和批准的文件。它对活动或活动的结果规定了规则、导则或特殊值，供共同和反复使用，以实现在预定领域内最佳秩序的效果。事实上，对于某个产品或者某种要求能够形成一定的共识，从而达到一定的标准，并以此标准进行规范。翻译作为一种跨语言、跨文化、跨学科的交际活动，也应该遵循一定标准，才能促进该活动有规则可循。《中国翻译词典》对翻译标准作如下论述："翻译标准是翻译活动必须遵循的准绳，是衡量译文质量的尺度，也是翻译工作者应努力达到的目标。"翻译标准是翻译理论的核心问题，从古至今，中外学者都曾有过精辟的观点，众说纷纭，莫衷一是。

一、翻译标准

　　支谦在《法句经序》中提出了"其传经者，当令易晓，勿失厥义"，要求在翻译时"因循本旨，不加文饰"（罗新璋，1984：22）是我国关于翻译标准方面最早的文字记载。支谦的翻译标准就是要做到遵循本义，易懂晓畅，不需要过多美化。唐朝的玄奘精通汉梵两种语言，又深通佛学，提出了"五不翻"的翻译标准（陈福康，2011：27），提出了五种情况采取音译的标准。1896年，我国近代伟大的翻译家严复在《天演论》（*Evolution and Ethics and Other Essays*）中提出了"译事三难：信、达、雅。求其信，已大难矣。顾信亦不达，虽译犹不译也，则达尚焉。"（陈福康，2011：84）林语堂为翻译定下了三个标准：忠实标准、通顺标准、美好标准。他说："这翻译的三重标准，与严氏的'译事三难'大体上是正相比符的。"他认为信达雅的问题实质是：第一，译者对原文方面的问题；第二，译者对译文方面的问题；第三，是翻译与艺术文的问题。换言之，就是译者分别对原作者、译文读者和艺术的责任问题，三种责任齐备者，才有真正译家的资格。（陈福康，2011：270）鲁迅先生在《'题未定'草》（1935）中写道："凡是翻译，必须兼顾着两面，一当然力求其易解，一则保存着丰姿……"（陈福康，2011：248），强调译文要信，还要顺。茅盾在《为发展文学翻译事业和提高翻译质量而奋斗》的报告（1954）中指出："对于一般翻译的最低限度要求，至少应该是用明白畅达的译文，忠实地传达原作的内容。"（陈福康，2011：308）也是强调翻译要兼顾忠实与通顺。傅雷在《〈高老头〉重译本序》中提出了"所求的不在形似而在神似"（陈福康，2011：320）的翻译思想。钱锺书在《林纾的翻译》中提出了"化境"说，关于"化"，他曾做了精辟的论述，

"文学翻译的最高理想可以说是'化'。把作品从一国文字转换成另一国文字,既不能因语文习惯的差异而露出生硬牵强的痕迹,又能完全保存原作的风味,那就算得入于'化境'"。(陈福康,2011:341)这就要求译作忠实原文,读起来不像译文。金隄根据自己的翻译实践和翻译理论研究对等效论提出了自己的观点,"我的目的是尽可能忠实、尽可能全面地在中文中重现原著的艺术,要使中文读者获得尽可能接近原文读者所获得的效果。"(金隄,1994:7)萧乾强调文学翻译的标准重在传递原作的情感,能够准确地把握文字间所要传递的语气和情感。"倘若把滑稽的作品译得一本正经,毫不可笑,或把催人泪下的原作译得完全没有悲感,则无论字面上多么忠实,一个零件不丢,也算不得忠实。"(萧乾,1994:89)英国学者亚历山大·泰特勒(Alexander Fraser Tytler)在《论翻译的原则》中提出了翻译和批判翻译的三条原则:

(1) A translation should give a complete transcript of the ideas of the original work. (译文应完全复写出原作的思想)

(2) The style and manner of writing should be of the same character as that of the original. (译文的风格和笔调应与原文的性质相同)

(3) A translation should have all the ease of the original composition. (译文应和原作同样流畅)(Tytler,1907:8-9)

美国学者尤金·奈达(Eugene Nida,1914—2011)提出了"功能对等"的翻译标准,即目标语读者和所接受信息间的关系应当与源语读者和所接受信息间的关系基本一致。(Nida,1964:159)这些标准本质上就是要求译文兼顾忠实与通顺。忠实首先要求译文忠实于原作内容。译者必须把原作的内容完整而又准确地表达出来,不得有任何篡改、歪曲、遗漏或随意增删的现象;忠实还指保持原作风格即原作的民族风格、时代风格、语体风格、作者个人风格等。通顺要求译文语言必须通顺易懂,符合规范。译文必须是明白流畅的现代语言,没有佶屈聱牙、文理不通、晦涩难懂等现象。

辜正坤教授提出了"翻译标准多元互补论",认为翻译标准是多元的而不是一元的,是一个有机的、变动不居的标准系统,多元标准是互相对立、互补和转化的。在这个体系中,最高标准是最佳近似度。(辜正坤,1989:73)

二、工程技术英语翻译的标准

工程技术英语是对工程技术的描述和信息传递,其语体特征为客观、规范、准确。根据工程技术英语的文体特征、语言功能及其使用的语言环境和译文选择的各种制约因素,可以将工程技术英语翻译的标准定为:忠实准确、通顺流畅、规范专业。其中,"忠实准确"体现的是原文和译文信息的一致性,"通顺流畅"和"规范专业"则体现出读者对译文的接受和认可度。

(一)忠实准确

工程技术文体旨在阐述客观事物的本质特征,描述其发生、发展及变化的过程,表述客观事物之间的联系,其文本本身呈现的普遍的客观意义比其他文体更强。同时,工程技术文体以传递科技信息为目的,集中体现语言的信息功能,基本或者完全不涉及个人情感和复杂的社会民族文化内涵。

因此,工程技术英语翻译的第一条标准就是"忠实准确"(faithful and accurate)。译文必须忠实于原文,客观完整地表达、传递、重现原文的内容,原文和译文的指称意义一样,完全或者基本重合,即从概念对比的角度要求译文和原文表达的是同一概念,描述的是同一过程或者变化等。这和工程技术翻译的目标有着直接的关联,"将引进(输出)的工程技术项目涉及的工艺技术、机械设备、材料物资以及终端产品以完整、精确、等效的方式在另一个国家的工地重新建设、安装和运行"。(刘川,2017:459)德国文论家和译论家本雅明在《译者的任务》一文中提出:译者的任务就是要在译语中发现"原文的回声"(the echo of the original),就是尽量寻求"语言的互补"(linguistic complementation)。为此,译文与原文在意指方式上应尽量接近,能交融的则交融,不能交融的则力求相互补充、相互妥协。(Chesterman,1989:9-24)实践证明,采取原文的表达方式,包括对词语和句法结构的直译(a literal rendering of the syntax),有时能够更加准确、充分地传达原文的意蕴。例如:

① "Site" refers to the land and other places on, under, in or through which the Permanent Works or Temporary Works designed by the Engineer are to be executed.

译文:"现场"指工程师设计的永久工程或临时工程所需的土地和其他场所,包括地面、地下、工程范围之内或途经的部分。

分析:翻译时如果把介词 on, under, in, through 所涵盖的意义信息遗漏,或者粗略模糊地将其译出,必然违背了工程技术英语翻译准确性的要求。

② Wine was thicker than blood to the Mondavi brothers, who feuded bitterly over control of the family business, Charles Krug Winery.

译文:对于蒙特维兄弟来说,酒浓于血,他们为了争夺查尔斯·库勒格酿酒厂这份家业,而斗得不可开交。

分析:英语中有一个谚语 blood is thicker than water,意思是说"亲人总比外人亲",汉语多译为"血浓于水"。在本句话中,wine is thicker than blood 显然是对该谚语的戏仿,意思是说,那兄弟俩把"酒"(酒厂)看得比"血"(手足之情)还重,结果反目成仇。

③ Column A gives square roots. Extracting a square root is an operation, which can be handled by slide rule.

译文:A 栏给出了平方根。求平方根的运算可以用计算尺来进行。

分析:operation 可以是"操作"或"运算"的意思。显然,该句表达的意思为,用计算尺计算只是求平方根方法中的一种。因此这里应该取义"运算",文字运用得当,信息准确,忠实于原文。

④ No matter how many behind-the-scene airline personnel contribute toward the success of the flight, or how many others participate in face-to-face contact, it is the cabin attendant who makes the most lasting impression on the passengers.

译文:不管有多少幕后航空人员对飞行工作做出贡献,也不管有多少其他人员参与了面对面的服务,给乘客留下最深刻印象的还是乘务员。

分析:"behind-the-scene airline personnel"不能望文生义地翻译成"航空后勤人员",除了后勤还有很多人为飞机安全飞行做出幕后贡献,因此需要准确忠实地翻译为"幕后航空人员";同样"face-to-face contact"翻译成"直接服务"就不如"面对面服务或交流"。

⑤ Although all petroleum is composed essentially of a number of hydrocarbons, they are present in varying proportions in each deposit and the properties of each deposit have to be evaluated.

译文:虽然石油主要由各种碳氢化合物组成,但是这些碳氢化合物不同的比例存在于各种油层中,因此必须对各油层的特点做出评价。

分析:"deposit"意为"矿床、沉淀物、保证金、存款"等。这里不适宜翻译成矿床,因为石油是液体矿物,显然译为"油层"更加忠实原文。

(二) 通顺规范

通顺规范就是要译文语言通俗易懂,符合工程技术语言的表达规范,不能逐词死译、硬译造成语言晦涩难懂,结构混乱,逻辑不清等。工程技术英语具有很强的专业性术语、行话或者套话,还有许多非语言信息,例如图表、公式、格式等,因此语言转换既要符合技术语言的国际规范,还要符合目标语的行业规范,实现工程技术翻译的语言共通、合乎规范。语言表达要通顺、易懂,逻辑顺序符合目标语表达习惯,避免逻辑语义含糊不清,意义传递不到位或者缺失。

① At times they may find relief by hunting big game in Africa, or by flying round the world fly, but the number of such sensations is limited, especially after youth is past.

译文:有时他们通过在非洲进行大型狩猎或作环球飞行寻求解脱,但是这样轰轰烈烈的事情毕竟有限,特别是青年时代过去后,这种轰轰烈烈的事情就更少了。

分析:"find relief"应该翻译成"寻求解脱"而不宜翻译成"减轻劳累";"sensations"译成"轰轰烈烈的事情"而不宜译成"激动感情的事情"。特别是根据上下文补偿翻译"这种轰轰烈烈的事情就更少了",这样整个译文语义更加通顺,通俗易懂。

② Various attempts were made to calculate levels on this basis, with only very limited success. About 1925 the new quantum theory originated and gave immediate and continued success in the mathematical solution of this problem.

译文:在这个基础上,人们为计算能级做了各种努力,但收效甚微。大约在 1925 年,新的量子理论产生了,并在求得这个问题的数学解答方面立见功效,且不断有所成就。

分析:在该句中,译者把"with only very limited success"译为"收效甚微",比译成"仅仅有限的成功"更加通顺,而把"gave immediate and continued success"拆译成两个短语"立见功效,且不断有所成就",语言更加通俗易懂。假如译成"获得及时的、连续的成就",则读来疲软,且词义不明确,"及时的"与"连续的"之间关系不明。

③ In practice, the selected interval thickness is usually a compromise between the need for a thin interval to maximise the resolution and a thick interval to minimise the error.

译文:为保证最大分辨率必须选用薄层,为使误差最小却须选用厚层,实际上通常选择介于两者之间的最佳厚度。

分析:该句译文畅晓自然,简练通顺,表层结构安排得体,附着信息与中心信息相得益彰,把中心信息译为"最佳厚度"置于句末,形成末尾焦点(end-focus),符合汉语表达习惯。

④ For the moment, drilling has stopped. One of the propulsion motors that controls the automatic thrusters has malfunctioned.

译文:这时,钻探停下了。原来有一台控制自动推冲器的马达出了故障。

分析:从语段概念来说,这两句话构成一个语义整体,后一句对前一句作了补充说明。翻译时,加添"原来"字样,使语段内含的因果关系得以显示。

⑤ After the bricks are pressed they may be cooled for storage or taken directly to ovens for tempering. Tempering of the pitch-bonded brick has been found to improve several brick characteristics.

译文:沥青结合砖成型后冷却入库,或径送轻烧窑轻烧。这种砖经过轻烧后,砖的不少性能都得到改善。

分析:该句译文为了语段的衔接,不拘泥于词组表面词义的先后出现,将后句词组的内容提到前句交代。

忠实准确与通俗易懂是相辅相成的。忠实准确是翻译标准中的首要问题,涉及原文的内容、风格、语言等,在翻译时都需要尽可能的兼顾。通俗易懂就是要求译文能符合目标语言的表达习惯,使得读者不能阅读起来晦涩难懂,同时能够保持工程技术语言的语言特征和表达规范。如果只顾忠实准确而忽略了通俗易懂,读者阅读起来费劲且看不懂,也就谈不上忠实了。同样,如果只顾通俗易懂而忽略了忠实准确,这样译文就很有可能脱离了原文的内容与风格,通俗易懂就会变得毫无意义。

第三节　工程技术英语翻译的过程

翻译过程本质上是认知过程,即如何正确地理解原文(Accurate Comprehension)和充分地表达(Adequate Representation)。这个过程是一个解码和重编码的过程,还是正确理解原文和创造性地用另一种语言再现原文的过程。达妮卡·塞莱斯柯维奇(Danica Seleskovitch)和玛丽亚娜·勒代雷(Marianne Lederer)认为翻译分为三个阶段:阅读与理解、脱离源语语言外壳和重述。(Lederer,1994:23-42)尤金·奈达认为翻译分为四个阶段:文本分析、语言转换、结构重组、译文检验。(Nida,2004:108)乔治·斯坦纳把翻译分成四个过程:信任、进攻、吸收、补偿或恢复。(Steiner,2004:312-316)总体上来说,翻译过程可以划分为三个阶段:理解阶段、表达阶段和校核阶段。

一、理解阶段

理解在翻译的三个步骤中是最为复杂、最为关键的步骤。没有准确透彻的理解,就不能充分地表达,因此理解是表达的前提。理解(comprehension)可分为广义理解和狭义理解。广义理解指对原文作者、原文产生的时代背景、作品内容以及原文读者对该作品的反映。狭义的理解仅指对原作文本的理解。这种理解主要包括语法分析、语义分析、语体分析和语篇分析(grammatical analysis, semantic analysis, stylistic analysis and text analysis)。理解是翻译成功与否的先决条件和重要步骤,务必正确可靠,杜绝谬误。

翻译界普遍认同的一个观点是:理解和表达相互联系,互为作用,不能简单地分开。张培基认为,当译者在理解的时候,心中已经自发地选择某种表达手段,当译者表达时会对原文产生进一步的理解。(张培基,2009:9)

(一)理解语言现象

任何一种语言都是由词汇和语法结合呈现出来的,因此理解语言现象首先就是要将语法与词汇结合起来理解。茅盾曾说过一句话:"好的翻译者一方面阅读外国文字,一方面却以本国语言进行思索和想象;只有这样才能使自己的译文摆脱原文的语法和词汇的特殊性的拘束,使译文既是纯粹的祖国语言,而又忠实地传达了原作的内容和风格。"(罗新璋,1984:513)所以,理解的基础是词汇与语法,即能够弄清句子的语法结构和词汇在句中的可能含义。例如:

① The X-ray or post-mortem examination reveals many broken bones.

译文:X 光检查或尸体检验表明有许多骨头已经断裂。

分析:从语法上来看,X-ray 和 post-mortem 是并列修饰语,共同修饰 examination,但是不少初学者会把 X-ray 理解成与 examination 并列,因此会误译为,"X 光和死后检查表明有许多骨头已经折断"。这是典型的因分不清语言结构的语法功能而犯下的理解错误。

② After all, all living creatures live by feeding on something else, whether it be plant or animal, dead or alive.

译文:所有活着的动物毕竟都是靠吃别的东西而生存的,不管这些东西是植物还是动物,是死的还是活的。

分析:这里最容易出现的理解错误是把 it 理解成 all living creatures。如果这里翻译成"所有活着的动物",原文就不应该用 it,而是应该用 they。因此,译者需要弄清楚 it 指的应该是 something else。

③ It is good to know that such a wise and scholarly physician believes that we can learn from our past mistakes, and that he has some hope for the future of the medical sciences.

译文:知道这样一位才华横溢的物理学家相信我们能够从过去的错误中汲取教训,并且知道他对医学的未来抱有希望,这是一件好事。

分析:句中有三个 that 从句,它们并不是并列的,事实上只有第一个和第三个是并列关系,因此翻译过程中不能简单地进行并列翻译。

④ A positive attitude (i. e. one that sees the oral or written presentation of research results as of equal importance to the data-gathering process), an orderly approach which includes prewriting and a formal research report structure as the frame work for the investigation, and a reasonable approach to the actual writing process including editing or accuracy and clarity, will help one to produce effective reports efficiently.

译文:一种积极的态度(即把口头或书面呈报研究成果看作与收集资料过程同样重要的态度),一种有条不紊的工作方法(包括写作前的准备和提出一份正式的研究报告构思作为调查的框架工作),一个用于实际写作过程的合理方法(包括为求得准确和清晰而进行的加工),所有这些都将有助于很快地写出效果很好的报告。

分析:本句属于长句,句子结构复杂,三个并列主语"a positive attitude""an orderly approach""a reasonable approach",其中两句含有定语从句。主语和谓语相隔甚远,一个在句首,一个在句尾,很容易发生理解错误。

⑤ This subsection has rhetorical usefulness in that it enhances the credibility of the researcher by indicating that the data presented is based on a thorough knowledge of what has been done in the field and, possibly, grows out of some investigative tradition.

译文:这一小部分具有修辞作用,因为它显示了所提供的资料是在对本领域所取得的成果透彻理解的基础上取得的,因而它提高了对研究者的可信度,并且很可能是从某种调查研究中得出来的。

分析:此句中有四个谓语动词或者谓语动词短语。前三个的主语较明显,第四个 grows out of 的主语一时难以确定,副词 possibly 提前,以插入语的形式出现,造成它与句前部分割开来。

(二) 分析上下文语境

一词多义是英语的普遍现象,有时看似认识的词,在文中却无法表达,因此译者有时会无所适从,不知如何选择合适的词义。在这种情况下,解决问题的最好途径,就是进行语境分析。通常,翻译时进行语境分析可以从微观语境和宏观语境两个方面着手。所谓微观语境指词、短语、句子、语段或篇章的前后关系,是语言内部诸要素相互结合、相互制约而形成的语境。而宏观语境则指使用某个语言项目时广阔的社会背景,即与语言交际有关的语言外部诸要素相互结合、相互制约而形成的语境,其中包括社会环境、自然环境、交际时间、地点、场合、对象,以及语言使用者的目的、身份、思想、性格、职业、经历、修养、爱好、性别、处境、心情等。语境又被称作上下文,而上下文又有狭义与广义之别。狭义上下文指某个语言单位出现的环境,即位于这一单位之前或之后的其他单位或成分。朱光潜认为,词语"依邻伴不同和位置不同"而取得意义,这可以称作"上下文决定的意义";"这种意义在字典中不一定寻得出,我们必须玩索上下文才能明了。"(罗新璋,1984:449-450)广义上下文则指全段、全章乃至全书与某一语言成分的语义关系,这种关系时空跨度较大,因而常常被译者忽视,导致误解和误译。因此,译者在翻译的过程中,一定要仔细地、反复地阅读原文,密切关注上语篇与下语篇之间在语义上的连贯性,一旦把握了连贯性,理解问题就可能迎刃而解。例如:

① The sailors slept in bare wooden bunks with straw mattresses. Conditions for the officers were better, but still very bad by modern standard.

译文:水手们睡在铺着草垫子的木板铺位上,而高级船员们的条件要好些,但是用现在的标准衡量仍然很差。

分析:该句中"sailors"翻译成水手们是没有问题的,而和水手相对的应该是"船长和其他高级船员",因此句中的 officers 根据上下文翻译成"高级船员"更加符合文义。

② My life has been lived in the healthy area between too little and to much. I've never experienced financial or emotional insecurity, but everything I have, I've attained by my own work, not through indulgence, inheritance or privilege.

译文:我一生都过着宽裕的生活,既不太拮据又不太富有,从未经历过经济或情感危机,不过我所拥有的一切,都是自我奋斗得来的,而不是受人恩宠、继承遗产或是通过特权获得的。

分析:此处需要根据上下文弄懂"lived in the healthy area between too little and to much"和"through indulgence"的意思。"area"在本句中指的是生活境遇,"too little and to much"不宜译成"不多不少的中间地带",而应根据上下文译成"既不太拮据又不太富有",更为贴近原文意思。"through indulgence"如翻译成"通过纵欲"就不妥,根据上下文可以翻译成"受人恩宠"更为贴近原意。

③ His regard for her was quite imaginary; and the possibility of her deserving her mother's reproach prevented his feeling any regret.

译文:他对她的爱完全是凭空想象的,她可能真像她母亲说的那样又任性又傻,因此他丝毫也不感到遗憾。

分析:该句中"the possibility of her deseving her mother's reproach"如翻译成"她的母亲一定会责骂她,挨骂她也活该"。但是根据上下文伊丽莎白的母亲曾对柯林斯说她的女儿是个"a very headstrong foolish girl",这里的责骂就是指她任性和傻乎乎的样子,因此当他遭到拒绝也不感到遗憾。

④ Exams can cripple your nerves in the extreme, so it's important that you come to terms with them at the very outset of your training.

译文:考试时你有可能极度紧张,六神无主,因此从训练一开始就要把握自己的心态,设法控制情绪。

分析:该句中"cripple your nerves"不能翻译成"让你的神经瘫痪或残疾",根据上下文翻译成"六神无主"更贴近原意。

⑤ When you think of the innumerable birds that one sees flying about, not to mention the equally numerous small animals like field mice and voles which you do not see, it is very rarely that one comes across a dead body, except, of course, on the roads.

译文:虽然你想到有无数看得见的鸟儿在天空到处飞翔,还有无数看不见的野鼠、田鼠之类的小动物在地下跑,但除了在大马路上,你很难在其他地方见到动物的尸体。

分析:本句中 when 作为连词,引出状语从句,可以译为"当……时候",也可以有"如果""虽然""然后"等意思。根据上下文,该句的逻辑是转折关系,所以取"虽然"意思。

(三) 具备背景知识与专业知识

背景知识和专业知识是合格的译者必须具备的素质之一,对专业翻译来说更是如此。有时一些词义的确定离不开背景知识和专业知识。一个没有掌握相关知识的译者是很难理解专业性很强的原文的。同样,即便是做日常翻译或者文学翻译,也离不开对原作背景知识的了解。只有掌握了这些背景知识和专业知识,才能更好地理解原作的意图和主题思想,也才能更好地确定各种语言现象的具体含义,从而确保翻译质量。例如:

① Boeing reported a 179% increase in profits last year. The Seattle company recently signed a $ 6.7 billion deal to supply one airline with 106 jets over new ten years.

译文：波音公司报道全年利润增加了 179%。这家设在西雅图的公司近来签署了 67 亿美元订单，未来十年内将为一家航空公司提供 106 架飞机。

分析："The Seattle company"根据背景知识就是指波音公司，因为波音公司位于西雅图，如果把它理解成另一家公司，显然无论是逻辑上还是事实上都是错误的。

② Finally, proper tax planning both from the host country standpoint and the US standpoint will improve your "keeping money" if, as you anticipate, the joint venture is profitable.

译文：最终，就如你期望的那样，如果合资是有利润的，无论是从投资国还是从美国的角度，适当的避税筹划都会让你"一直有钱"。

分析：本句中的"tax planning"如果翻译成"纳税计划"就不妥了。根据专业知识，在商业活动中，为了使利润最大化，尽可能合法地减少纳税是财务管理的重要内容之一，因此这里应该翻译成"避税筹划"或者"税务策划"。

③ Remember to apply sunscreen to children's skin even when they are under a beach umbrella. The sun's rays can reflect off surrounding concrete or sand.

译文：即使在沙滩的遮阳伞下，也别忘记给孩子们涂抹防晒霜。太阳射线能够从四周的物体或沙子上反射到人体。

分析：本句中"concrete"不宜译成"混凝土建筑物"，根据常识，沙滩上不可能建有混凝土建筑物，因此这里取其"具体物"之意，即沙滩上的任何实实在在的物体。

④ It seems to me that the time is ripe for the Department of Employment and the Department of Education to get together with the universities and produce a revised educational system which will make a more economic use of the wealth of talent, application and industry currently being wasted on certificates, diplomas and degrees that no one wants to know about.

译文：我认为时机已经成熟。劳动部和教育部应该和大学共同携手修正我们的教育制度，使之能更合理地利用学生们丰富的才能、刻苦和勤奋。而现在他们的这些才能、刻苦和勤奋都浪费在无人感兴趣的证书、文凭和学位上。

分析：本句中"make a more economic use of the wealth of talent, application and industry"是难点，翻译"economic use, the wealth of talent, application and industry"需要根据背景知识和专业知识。Economic 有经济的意思，这里更加指合理利用。"the wealth of"不能简单地翻译成"财富"，而是指"多，丰富"；"application"不能翻译成"申请"，而是"专心、专注"；industry 不是"企业、工业"，而是"勤奋"，这样才能和 talent（天赋、

才能)匹配。

⑤ "The mothers of the world are angry, and you never tick off a mother," warned Dawn Anna.

译文:"全美国的母亲都愤怒了,绝不要激怒做母亲的。"唐安娜告诫道。

分析:" you never tick off a mother"中"tick off"是俚语,有"责备""激怒"等意思。根据背景知识百万母亲举行游行示威,要求政府管制枪支,所以这里取"激怒"更贴近原意。

二、表达阶段

表达阶段是译者在充分理解原文的基础上用本族语言重新表达出来。表达是理解的结果,但理解正确并不意味着必然能表达得正确。表达的好坏还取决于译者的语言修养、相关知识和实践经验。如果表达方式不妥、语言运用不当,正确的理解就无法在译文中再现。凡是认真负责的译者都应努力做到忠实与通顺。在表达中要力求做到:(1) 对原文意义或信息的传达要尽可能准确、尽可能充分;(2) 译文要尽可能自然、尽可能通顺。(孙致礼,2010:28)

为了"忠实而通顺"地传达原作内容的任务,译者在表达阶段要着重解决好以下几个环节:

第一,要正确处理忠实与通顺的关系。忠实和通顺是辩证统一的关系,二者密不可分,互为依存。翻译中光讲忠实不讲通顺,译文搞得佶屈聱牙,读者怎么能看懂原作者所要表达的意思呢? 反过来,翻译中光讲通顺不讲忠实,结果意思没弄准确,译文再通顺也是徒劳。因此,译者在表达的过程中必须"统筹兼顾",一方面要准确、充分地传达原文的意义,另一方面又要使译文通达晓畅,符合译语规范,切不可顾此失彼,或者重此轻彼。然而,有的译者由于不能充分认识翻译的复杂性,不了解忠实与通顺的辩证关系,因而表达时容易出现两种片面化倾向:一种人只顾忠实而忽视了通顺,容易写出生硬拗口甚至晦涩难懂的译文;另一种人只顾通顺而忽视了忠实,容易写出走腔变调甚至背离原义的翻译。例如:

① A computer-control TDR instrument sends an electronic pulse through a buried cable to the probes. The longer it takes for the pulse to travel through the probe, the more soil water.

译文:由电脑控制的 TDR 仪器通过埋在地下的电缆向探针发出电子脉冲。脉冲通过探针所用的时间越长,土壤湿度越大。

分析:该句中如果只是简单地将"soil water"直译为"土壤中的水",不符合汉语的表达习惯,会让读者感到困惑。如果联系上下文,运用意译的方法将其含义完整地表述出来,则能让译文读者更容易接受、读懂。

② To transmit information through a fiber optic cable, the signal is converted into light pulses. As the signal travels down the cable it gradually becomes fainter, so it must be boosted every 40 miles or so. In the past this was achieved by electronic repeaters, which convert the light pulses into electronic signals, boost them, and then convert them back into light before sending them on.

译文：要通过光纤电缆传输信息，就要将信号转换成光脉冲。在沿光缆运行的过程中，信号会逐渐减弱，所以每隔40英里左右就必须把信号加强一次。过去，这是通过电子中继器来实现的，先将光脉冲转换成电子信号，将其加强，然后再转换成光脉冲继续传输。

分析：该例中的 light pulse 可直译为"光脉冲"（光脉冲指晶体发出的短暂的、微弱的光）。本处翻译既无损原意，又不影响汉语读者的理解。

③ A new term being used of computers is "plug in and play". This often refers to programs and systems which you can obtain from the Internet. You simply "plug them in" to your computer by downloading them, and then watch them "play" films and other active video information on your computer screen.

译文：计算机领域一个新近使用的术语就是"即插即用"。该词常指可从因特网上获得的程序和系统。你只需下载并"将其插入"你的计算机，就可以在计算机屏幕上看它们"播放"电影或其他动态视频信息。

分析：该句中的"plug in and play"如直译为"插入并播放"，意思牵强且容易引起歧义，此时宜采用意译，根据上下文将其译为"即插即用"，简单明了且无损原意，读者也易于接受。

④ Proviruses are a potential source of problems. When certain viruses infect animals or people they copy their viral genetic instructions into the host's DNA：the purpose is to hijack the victim's body and direct it to produce more copies of the infectious virus.

译文：前病毒是潜在的危险源。当这些病毒侵入动物或人体后，它们会将病毒的遗传指令复制进入宿主的脱氧核糖核酸（DNA）中：目的是侵占受害者的身体并引导它产生更多传染性病毒的副本。

分析：例句中有两个"copy"，一个是动词作"复制"讲，一个是名词作"副本"讲；而"host"一词不应译为"主人"，而应根据专业语境译为"宿主"；hijack 一词的意思是"劫持"，根据全句的逻辑关系，理解为"病毒侵占人体"更为恰当。

⑤ Correct timing is of the utmost importance, and also extreme accuracy, down to a twenty-thousandth part of an inch, in the grinding of certain parts of the fuel injection pump and the valves.

译文：校正定时器的工作是极其重要的，而且高度精密的精确性也是极其重要的,对喷油泵与气阀某些部件的研磨精密度应达到两万分之一英寸。

分析:例句中为了通顺达意,对句子结构进行了调整,把"down to a twenty-thousandth part of an inch"调整到后面翻译,这样就更加符合汉语的语言表达。

第二,要正确处理内容与形式的关系。翻译的任务是传达原作的内容,内容往往由形式来体现,特定的形式往往表示特定的内容。一切艺术表现形式本质上都是纪实,它们通过各种形式深刻地揭示了过去发生的或正在发生的事情。因此,一个严谨的译者不仅要会移植原作的内容,还要善于保存其原有的形式,力求内容和形式浑然一体。所谓形式,一般包括作品的体裁、结构安排、形象塑造、修辞手段等,译文中应尽可能将这些形式体现出来,借助"形似"更加充分地传达出原文的内容,取得"形神皆似"的效果。例如:

⑥ Studies serve for delight, for ornament, and for ability. Their chief use for delight, is in privateness and retiring; for ornament, is in discourse; and for ability, is in the judgement and disposition of business. (F. Bacon: Of Studies)

译文:读书足以怡情,足以傅彩,足以长才。其怡情也,最见于独处幽居之时;其傅彩也,最见于高谈阔论之中;其长才也,最见于处世判事之际。(王佐良译)

分析:王佐良用浅近的文言文翻译了《论读书》中的数篇,取得了意想不到的效果,成为译界津津乐道的经典译作。原文采用了三个简洁工整的排比结构:serve for delight, for ornament, and for ability,王译采用了同样简洁工整的排比结构:"足以怡情,足以傅彩,足以长才。"

⑦ For many years the earth has been unable to provide enough food for these rapidly expanding populations. The situation is steadily deteriorating since the fertility of some of our richest soils has been lost. Vast areas that were once fertile lands have turned into barren desert.

译文:许多年以来,地球一直不能为迅速膨胀的人口提供足够的食物,而且这种情况正在持续恶化,因为一些富饶的土地已经失去了肥力,曾经幅员辽阔的肥沃土地已经变成了荒芜的沙漠。

分析:例中原文由三个句子构成。虽然在形式上这三个句子相互独立,但在语义上却具有关联性,都是围绕"地球和土地"这一主题展开的。翻译时可根据汉语"意尽为界"的特点,将原文中意义相关的句子合并,构成围绕某一话题进行评述的信息团。

⑧ The various parts of the system common to more than one channel must be designed to be capable of handling a large amount of power that is not useful in the transmission of information.

译文:在设计该系统中为一个以上信道所共用的各个部件时,必须考虑到其设计能够处理信息传输过程中产生的大量无用功率。

分析：例句中"the...parts must be designed..."是全句的主干部分，其他限定和修饰成分作为分支附加在这一主谓框架上，如形容词短语"common to more than one channel"，并通过表示目的的非谓语引导词"to"和定语从句引导词"that"进行黏合，扩展整个句子结构。汉语译文则按事理逻辑顺序展开。

⑨ When the planet was semi-molten, tungsten under high pressure combined chemically with the heavy element iron and sank toward the earth's core, causing the planet to rotate so fast that a day may have lasted only two and half hours.

译文：当行星是半融体时，钨在高压下与重元素铁化合，并向地核渗透，使行星快速旋转，这样一天可能只有两个半小时。

分析：例句的主干由两个并列分句构成 tungsten under high pressure combined chemically with the heavy element iron and sank toward the earth's core；状语从句 when the planet was semi-molten 和分词结构 causing the planet to rotate so fast that... 作修饰成分充当状语；分词结构中又嵌套着另一个从句 that a day may have lasted only two and half hours。全句共有五层意思，按事理逻辑顺序排列。原文的这种逻辑关系和表达顺序与汉语完全一致，因此，可采用顺译法，按原句顺序翻译。

⑩ Pure science has been subdivided into the physical science, which deals with the facts and relations of the physical world, and the biological sciences, which investigate the history and workings of life on this planet.

译文：理论科学分为自然科学和生物科学。前者研究自然界的各种事物和相互关系，而后者则探讨地球上生物的发展历史和活动。

分析：例句中"physical science"和"biological science"是"subdivided into"的并列宾语，但这两个宾语的后面都带有长而复杂的定语，如果按顺序译会显得层次混乱，不易理解。译文进行改译处理，先将两个并列成分译出，然后再分别加以论述，使语篇更加清晰，逻辑性也更强，更符合汉语的表达习惯，体现了翻译过程中的"得其意而忘其形"。

"忠实"和"通顺"既是一个矛盾的两个方面，也有主次之分。通常来说，忠实是对翻译的主要要求，在忠实的基础上，力求通顺。但在翻译实践中，译者有时很难两全其美，不是强调了忠实而忽视了通顺，就是强调了通顺而忽视了忠实。片面地理解忠实的要求，或是片面理解通顺的要求，把两者对立起来，或是偏重一个忽视另一个，都不能圆满地完成翻译的任务。所以，我们提倡忠实与通顺兼顾，力求在两者之间达成一种"平衡"。

具体到工程技术英语翻译，翻译要追求形式与逻辑的统一，译者不需要进行大量的再创作，只需通过源语与目的语的适当转换，客观、准确地反映所译学科的专业知识。由于植根于两种不同文化，英汉两种语言句法迥异。为了将这些不同之处统一起来，可采取一些变通策略。在对一些翻译策略的运用时要遵循工程技术英语的特点和翻译原则，不能因为变通而违背工程技术英语翻译"客观、准确"的原则。

三、审校阶段

在翻译的过程中，再细心的译者也难免不出疏漏，再有功力的译者也很难一挥而就，做到"一字不易"。因此，校核也是使译文能符合忠实、通顺的测译标准所必不可少的一个阶段。在校核阶段一般应特别注意以下几个方面：

（1）校核译文在人名、地名、日期、方位、数字等方面有无错译、漏译。

（2）校核译文的段、句或重要的词有无漏译。

（3）修改译文中译错的和不妥的句子、词组和词。

（4）力求译文没有冷僻罕见的词汇或陈腔滥调，力求译文段落标点符号正确无误。

（5）校核至少两遍。第一遍对照原文校对，检查有无疏漏、误译之处；第二遍，脱离原文审校，检查有无生硬拗口之处，着重润饰文字。

第四节　工程技术翻译史简述

中国翻译活动的历史十分悠久,距今已有几千年的历史。但是无论是陈福康的《中国译学史》、马祖毅的《中国翻译简史》《中国翻译通史》,还是谢天振的《中西翻译简史》都几乎没有工程技术翻译活动的记述,更没有专门章节论述,不得不说对于工程技术翻译的缺席是翻译史编撰的一个重要缺憾。黎难秋的《中国科学翻译史》和《中国口译史》也没有专门讨论工程技术翻译史,但是解释了工程技术翻译的零星史实,因此工程技术翻译研究的缺失和我国翻译史发展的现实有很大关系。我国的翻译史研究和记录主要经历了佛经翻译、文学翻译和非文学翻译三个阶段,在这三个阶段中从事工程技术翻译的大多属于小众人群,他们主要从事的是翻译实践工作,很少有人从事研究论文写作或者学术专著发表等,因此他们很少有发声的机会,基本上被湮没在众多的典籍与文学翻译的浩瀚海洋之中。此外,文献记载一般都是一些典籍翻译大家和文学翻译大家,工程技术翻译人员基本上很难找到相关历史文献记载,历史忽视了工程技术翻译及译员这个群体,确实是翻译史的一大遗憾,欣喜的是刘川教授的《工程技术翻译学导论》于 2019 年 10 月面世,为工程技术翻译研究开启了系统化研究之门。

虽然与工程技术翻译相关的历史文字记载几乎空白,但是其历史应该是与翻译史相伴而生的,每一次帝国的建立与扩张一定存在着工程技术翻译的痕迹,同样对其他民族或者国家经济或技术的借鉴也离不开工程技术翻译。中国古代的工程技术拥有辉煌的成就,领先世界很多国家,期间也存在中国工程技术输出国外的大量事实。(李约瑟,2003)例如,丝绸技术是公元 5—6 世纪拜占庭帝国收买船员从中国广州偷运出去的;造纸术是8 世纪在中亚战场被俘的中国士兵传入波斯的;火药是由成吉思汗的蒙古骑兵间接传入西方的;指南针是中国水手在航运中无意间传入波斯的。(刘川,2019:16)最早的资料可考外国工程技术传入中国始于明朝初期永乐年间,"永乐时神机火枪法得之安南;嘉靖时刀法、佛郎机、马嘴炮法得之日本"。(何兆武,2001:71)由于古时很少有人懂西语,因此明末清初西方的工程技术翻译主要依靠传教士。鸦片战争后西方列强用大炮叩开了中国封闭的大门,西方先进的工程技术和设备也随之进了中国,间接推动了工程技术译介序幕的拉开。

清朝晚期涌现了洋务派,他们希望通过引进西方科技实现实业兴国,因此建立了中国第一批现代化工程技术企业。但是当时中国缺乏既懂外语又懂专业技术的人才,所以这些企业大多是聘请外国人担任工程技术管理人员,绝大多数中国工人和管理人员需要专门从事工程技术翻译的"通事"来和外国技术管理人员沟通。这一时期的工程技术翻译涉及的领域主要是枪炮和军舰等军事工业,以及关系基本国力的煤矿、铁路和航运业。工程技术项目的引进、建设、安装、生产、经营等几乎都是由外国人操控,甚至部分翻译工作也是直接由外国人担任,少量的翻译人员主要是由洋泾浜英语通事或者留学归国人员以及少数国内学习英文和法文的技术知识课程毕业生担任。

民国时期,北洋政府和南京国民政府接管了清政府官办的工程技术项目和部分商办项目,此外大量引进外资扩大工程技术项目规模,主要涉及交通、电力、制造、煤矿等领域。这个时期既有外语水平较高的专职翻译,也有担任高级管理人员的兼职翻译,他们其中很多人大多具备留学英美的经历,外语水平比较高,也有一些洋泾浜英语翻译从事层次较为低的翻译工作。

中华人民共和国成立后,特别是 1978 年改革开放以来,我国的工程技术翻译发生了历史性的变化。1978 年我国实施 22 个"78 亿计划"工程项目,除了兰州合成革厂项目取消,另一项改由中国人自己设计建设外,其他 20 个项目都引进实施,每个项目都有数名至数十名工程技术翻译人员参与。这个时期的工程技术翻译人员主要是从大学毕业直接分配到相关企业,或者是从科技情报所、中学或高等院校调配,译员年轻化且跨地域化。随着我国改革开放的不断深化,我国出现了一大批商务性翻译公司,专注于不同工程领域,如矿产、机械、建筑、电气、化工等,翻译活动呈团队化、协作化。在工程技术引进来的同时,我国也特别注重工程技术项目的输出,从早期的援外工程到改革开放的主动对外输出工程项目,一大批工程技术翻译人员活跃在各类对外工程项目中,从早期的严格审查合格的援外项目翻译人员到各大型工程承包商派驻境外工程技术翻译人员,他们为工程技术翻译做出自己的贡献。

本章练习

一、请把下面句子翻译翻译成中文，注意译文的忠实准确、通顺流畅和专业术语的规范专业。

1. Electronic computers，which make it possible to free man from the labor of complex measurements and computations，have wide application in engineering.

   _____

2. The programmer had to operate his program directly on the operator's console-loading his program into memory，from either paper tape or cards or switches on the front panel，monitoring its execution by watching display lights on the console，and debugging it if any error occurred.

   _____

3. A car engine started from cold takes time to warm up and to reach its correct operating temperature. The quicker it reaches that temperature the sooner it begins operating at its most efficient.

   _____

4. Chemical process modeling typically involves using purpose-built software to define a system of interconnected components，which are then solved so that the steady-state or dynamic behavior of the system can be predicted.

   _____

5. With different impurities added，semiconductors are made into two types—the N-type，which is ready to give up electrons，thus having a negative character，and the P-type，which is liable to accept electrons，therefore being of a positive character.

   _____

6. An electric current acts in that very way，that is to say，it takes time to start and once started it takes time to stop. The factor of the circuit to make it act like that is its inductance.

   _____

7. To improve the bearing capacity in varying ground conditions，soft spots are usually filled with consolidated hard core or a weak concrete，before the foundation is laid.

8. The human race has methodically improved crop plants through selective breeding for many thousands of years, but genetic engineering allows that time-consuming process to be accelerated and exotic traits from unrelated species to be introduced.

9. Bricks are also produced in many different colors and with various finishes, particularly those used for decorative purpose.

10. Once localized fracture began in the way of this joint, additional plate failure and associated fracturing might radiate out from this joint, toward both the port and starboard.

11. This technology provides the means for identifying and isolating genes controlling specific characteristics in one kind of organism, and for moving copies of those genes into another quite different organism, which will then also have those characteristics.

12. This also anticipates an even more advanced platform which is the polar platform of the international space station, which the Americans are leading and in which various countries are taking part.

13. These sensors work similarly to our inner ears in the way they maintain balance and orientation.

14. The intention now is to intercept those flows at these pump stations and then discharge them, whether by gravity or by pumping, through a system of link sewer.

15. All glass is produced by melting, but this stage is where the float glass process is unique. The molten glass flows out of the furnace onto a bath of molten tin. It floats on top of the tin, hence the name "float glass".

二、请把下面英文片段翻译成中文，注意词义的选择。

Semiconductor lasers are built on flat, layered chips. They include a layer of n-type semiconductor, which is laced with an impurity that gives it spare, negatively charged electrons, and a p-type layer, which is deficient in electrons, and so behaves as if it contained spare, positively charged "holes". Supplying electrical energy to the chip elevates the electrons to an excited state. Light is generated when some of the excited electrons combine with holes in an intermediate junction layer between the two types of semiconductor. This sets off a cascade within the junction layer, as the light from the first electrons stimulates others to emit light.

_____

_____

_____

_____

_____

三、请把下面中文片段翻译成英文，注意词义的选择。

蓝牙设备是在特定的操作范围内相互寻找的。和接线设备不同，蓝牙设备无须事先知道待联的设备能力或性质。蓝牙设备的内置机制可以使每种设备在接入新的蓝牙网络时亮明自己的身份和能力。这种动态网络倒是有一种控制设备，可以把自己指派为联网中的主设备。它在编程和适合特定任务需要方面的能力是其能否成为主设备的决定因素。例如，一部手机如果连上耳机、自动取款机或问讯台，就可以作为主设备。但问讯台如果作为广播紧急疏散信息的主设备，那部手机或耳机就得作为从设备了。手机和问讯台就可以按照所需的功能和编程能力作主设备或从设备。

_____

_____

_____

_____

_____

四、思考题。

1. 翻译前为什么要确定翻译标准？
2. 如何理解忠实与通顺？翻译的标准主要方面是什么？
3. 简单分析理解与表达的关系。
4. 简单概述我国的工程技术翻译历史。

第三章

译者的素质

✓参考答案
✓学术探讨
✓拓展资源

☐ 为何要将译者的政治素质放在首位?

☐ 译者的政治素养如何培养?

☐ 译者的语言素质、专业素质、职业素质有哪些要求,有哪些提升方法?

　　近年来,在经济全球化和改革开放的大背景下,我国对外经济文化交流日益频繁,对外宣传力度不断加强。翻译对于增强中华文化的国际影响力发挥着不可或缺的重要作用。能否把我国的对外政策、经济文化、建设成就等进行准确宣传,或者把国外先进的科技、文化等吸引进来,翻译起着十分重要的作用。但是,翻译工作并非是件容易的事情。翻译人员必须具备基本的素质,才能胜任翻译工作,才能更好地促进世界各国政治、经济、文化、科技等方面的交流与传播。翻译人员的素质决定译文的质量和国际交流的效果,一名合格的翻译人员应具备政治素质、语言素质、专业素质和职业素质等多方面的基本素质。

第一节　译者的政治素质

21世纪是全球化的时代，在这一背景下，我国的改革开放正朝着纵深方向发展。在国际舞台上，我国积极开展多形式多渠道的对外交流，与各国的联系日益深入，与各国的合作愈加紧密，这一趋势也对我国的外事工作提出了更高的要求。而在任何情况下，一切外事工作最终都会落实到具体的个人身上，个人在对外交往中发挥着不可替代的作用，翻译人员素质的高低往往直接或间接地影响着我国对外交往的水平。所以，提高翻译人员的素质，具有更加深刻的现实意义，特别是要培养符合时代发展要求的翻译人才，使我国的外事人员在国际舞台上一展个人风采的同时，也能维护国家的主权与利益，提升国家的形象和影响力。

翻译人员不仅仅具有译者的身份，更肩负着对外推介、传播中国文化的重任，因此，翻译工作者首先应具备良好的思想政治素质，热爱祖国、忠诚国家、立场鲜明、严守机密，具有高度的思想政治觉悟和政治敏感度。如果翻译工作者不具备良好的思想政治素质，在对外翻译中，错译、误译敏感的政治问题，酿成重大的后果是无法弥补的。特别在当今全球经济高速发展的时代背景下，中国提出文化走出去的发展战略，加大对外传播的力度，力求塑造一个政治经济大国形象，翻译工作者肩负的使命和责任更加重大，只有具备良好的思想政治素质，才能在翻译中把握政治立场。

一、政治素质的概念及要求

所谓政治素质，是指政治主体在政治社会化的过程中所获得的对他的政治心理和政治行为发生长期稳定的内在作用的基本品质，是社会的政治理想、政治信念、政治态度和政治立场在人的心里形成的并通过言行表现出来的内在品质。政治素质是人的综合素质的核心，主要包括政治理论知识、政治心理、政治价值观、政治信仰、政治能力等方面。人的政治素质的高低是社会政治文明发展水平的重要标志，准确把握政治素质的内涵和特征是提高人的政治素质的前提。政治素质是对翻译人员在政治上提出的基本要求，是所有从事外事翻译工作的人员所应具备的首要素质。作为国家的官方代表，翻译人员的一言一行都体现着国家的形象，关乎国家的切身利益，正所谓"外事无小事"。所以，翻译人员在与各种各样的外国人打交道的过程中，首先要做到的是站稳立场，要保持清醒的头脑，有坚定的政治方向和原则，始终服从于国家的意志，拥护国家的方针和政策，按照本国的法律法规和外交政策办事，始终铭记国家和民族利益高于一切，处处维护本国的国家利益。翻译人员的政治素质主要有以下几个方面的基本要求：

第一，要热爱祖国、忠于祖国，具有民族气节。"苟利国家生死以，岂因祸福避趋之。"爱国主义是我们民族精神的核心，是中华民族团结奋斗、自强不息的精神纽带。爱国主义是中华民族的民族心、民族魂。热爱祖国也是个人的立身之本、成才之基。翻译人员要对自己的祖国怀有深厚的感情，以热爱祖国为荣，以危害祖国为耻。在外事场合中，要胸怀国家，始终把国家与民族的利益放在第一位。同时，翻译人员的一言一行都关乎国家的尊严，决不能做有损国格的事情，时刻保持崇高的民族气节。

第二，要坚持原则、坚定立场，提高政治敏锐性和洞察力，在大是大非问题上要据理力争、寸步不让。对从事外宣翻译的人员来说，维护国家主权与领土完整，维护本国政府的合法地位，反对外来势力干涉本国内政，在国际交往中坚持平等互利、和平共处等原则，这些都是重大的原则性问题。在这些问题上，翻译人员要提高警惕性，绝对不能掉以轻心、信口开河、自作主张，在涉及国家主权大是大非问题上，一定要立场坚定、态度坚决，不能有半点含糊、退让和妥协。

第三，要严格执行国家对外政策，服从国家的意志。在外事场合中，翻译人员代表的是国家形象，要义无反顾地执行国家的命令、指示和政策，不能随意加入个人主观感情和判断而滥发言论、自作主张。当然，所有这一切都要以掌握好本国的外交政策为前提，只有这样才能更好地服从国家意志，执行对外政策。

第四，要遵守政治规矩和法律法规。外事工作授权有限，因此对于一切重大问题都要事前请示、事后报告。同时，在对外交往的过程中，翻译人员必须严格遵守外事纪律，洁身自好，严格保守国家机密，确保万无一失。翻译人员在遵守本国法律法规的同时，还要遵守他国的法律法规和国际法，从而顺利有序地开展外事工作。

二、政治素质的重要性

为什么政治素质在翻译人员，尤其是外宣翻译人员的众多素质要求中最为重要呢？

首先，这是由外事工作自身的特殊性决定的。外事工作具有强烈的政治性。涉外翻译人员与其他一般工作人员的根本区别就在于要跟外国人打交道，在这种情况下，翻译人员所代表的不仅是他自己，还是整个国家的形象，他的一言一行都关系到国家的利益。所以，如果翻译人员不具备较高的政治素质，就有可能自行其是、自作主张，就有可能因贪图个人利益而牺牲国家利益，从而在原则立场问题上犯下大错，而在这个问题上，即使是一个小小的错误，都有可能给整个国家的利益和形象造成重大的损失。翻译工作责任重大，换言之，"翻译无小事"。一句话、一个动作都有它的意义，都有可能牵动全局，所以只有在政治上站稳立场，保持清醒的头脑，才能够贯彻好本国的外交战略和政策，才能够更好地开展外交工作，营造良好的外部环境。

其次，这是由我国面临的现实环境决定的。当今随着我国改革开放的深入和发展，我国的外事交往活动日益频繁而深入，同时作为世界上最大的发展中国家，中国在国际舞台上的发展和壮大也为自身带来了更多的责任和挑战，外宣翻译人员在工作中也会面临各种复杂多变的局势和错综复杂的关系，在这种情况下，只有胸怀祖国，保持坚定的政治立场，才能做到"富贵不能淫，贫贱不能移，威武不能屈"，才能做到审慎独思、洁身自好，才能在这个没有硝烟的外交战场上捍卫国家的尊严和利益。

最后，这是由外事翻译工作的需要决定的。翻译工作是光荣的，但同时也是艰苦的，有时甚至是危险的，所以如果从事翻译工作的人员没有优秀的政治素养，没有清楚地意识到自身所肩负的重大责任和使命，那么他就不可能在自己的岗位上积极钻研业务，就不可能始终保持勤勤恳恳、全心全意的工作态度，就不可能在关键时刻承担责任，奉献自我。因此，如果一个译者没有坚定的政治立场，即使他有丰富的知识和雄辩的口才，他在翻译实践中也难当重任，更不可能在外交战线上坚持下来。从事外宣翻译人员的政治素质如此重要，这也是为什么早在我国外交工作开展之初，政治表现、立场观点以及学习态度等成为外交翻译人员选拔的重要考量因素，虽然在如今外事翻译人员的选拔中对知识、专业和业务的要求越来越高，但不可否认的是，政治素质依然是综合考虑的首要因素。

三、如何培养和提高译者的政治素质

政治素质既然如此重要，那么如何培养和提高翻译人员的政治素质呢？

第一，坚持马克思主义的基本立场。合格的译者首先要具备良好的政治素质，必须明确自己的政治立场，不妄自运用个人观点，忠实地做好翻译工作。在我国要想成为一名合格的外宣翻译人员，要提高学习和实践能力，开阔自己的视野，明确并掌握马克思主义的基本立场、观点和方法；对于关系到国家根本利益或核心利益的问题，如人口问题、经济问题、台湾问题等，翻译工作者要加强自律，时刻捍卫国家的核心利益，培养高尚的政治情怀。在翻译工作中，翻译人员要积累敏感词汇，用词精确，坚决不能使用有损国家的词汇言论。在翻译时要明确我国的政治立场，避免模棱两可的词语出现，以免造成不必要的政治麻烦与歧义。随着全球一体化的发展，各国都很注重加强对外宣传，宣传自己的价值观念、政策主张，对外输出自己的科技文化和意识形态。作为外宣翻译重要组成部分的官方文献翻译，其准确性直接关系到外界对我国政策、经济、文化、教育等各方面的认知程度。因此，翻译工作者必须要坚持正确的政治方向，培养良好的政治素养，把中华民族优秀传统文化以及我国改革开放以来取得的巨大发展成就展现在翻译中。总之，外宣翻译人员在工作中要树立明确的政治立场，慎重对待一些敏感的话题，时刻以国家利益为重，尊重国家的政治抉择，展示良好的大国外交形象。

第二，具有坚定的政治信念。译者要不断学习马列主义、毛泽东思想、邓小平理论和"三个代表"重要思想、科学发展观，以及习近平新时代中国特色社会主义思想，不断增强"四个意识"、坚定"四个自信"、做到"两个维护"。要善于运用这些理论指导自己的翻译工作，观察和分析国际形势，熟悉党的方针政策，加深对中国文化、国情以及国内改革开放和各项事业发展的认识和理解。要把习近平新时代中国特色社会主义思想根植于翻译过程的方方面面，深刻领会习近平新时代中国特色社会主义思想的丰富内涵和精髓要义，认识到它对翻译人才培养的重要指导意义，认识到认真学习习近平新时代中国特色社会主义思想的重要意义。从这个角度来说，翻译既要遵循翻译的通则，更要讲政治；译者须注意维护国家的主权和尊严，关注国家的大政方针政策。正如张健（2001:79）指出，译者必须善于运用正确的立场、观点和方法来分析研究和深入理解原文内容，还要有实事求是和辩

证思维的思想方法,正确处理形式和内容的关系。

第三,树立文明和谐的外交理念。所谓文明和谐,就是说在国际舞台上不是只有一种颜色、一种声音。文明和谐的国际舞台是利益多元化时代的特有名词,是对多种声音、多重利益之间相互关系的平衡和界定。它至少应该包含三重境界:最低的境界是相容、共存。不能一听到不同的意见、不同的声音,就视为"敌对势力捣乱""帝国主义亡我之心不死",不能一看到矛盾、纷争,就认为必须"你死我活"。在现代社会,利益纷争是常态,在交往中产生不同立场、观点也在所难免,而且也是必然的。在这种情境下,没有宽厚和容忍,就没有和谐可言。第二种境界是协调。只有经过充分的协商与调和,不同利益、不同声音之间,才能充分磨合,求同存异,形成合力,这也应该是世界上任何国家,无论是领导者还是普通民众都能接受的外交理念。

下面,我们来举例说明政治素质对于翻译人员,尤其是外宣翻译人员的重要性。例如,关于"台湾"称谓的问题。一般来说,我们是大陆,是中国大陆,台湾是中国领土不可分割的一部分。在加入国际组织的时候,在加入亚洲开发银行的时候,因为台湾已经是成员了,它的经济发展也达到了一定的水平,要把它完全驱逐出去是不现实的。但是,它仍然以中华民国的名称留在亚行又是我们所不能接受的,所以经过艰苦的谈判,达到了一个很好的效果,就是改名为"台湾"。在加入国际奥委会和 APEC 的时候,又出现了台湾的称谓问题,那时候就改成"Chinese Taipei",这里"Taipei"不是用中国大陆的汉语拼音,而是采用旧式的威妥玛拼音,出于大局考虑我们也是可以接受的。因此,在台湾的称谓问题上必须要明确什么表达是错误的,什么表达是正确的,在翻译的时候要立场分明、态度坚决。但是,西方某些媒体在讲到台湾问题的时候,往往把"大陆"翻译成"Mainland China",这在我们的外宣翻译中是坚决不能出现的,因为"Mainland China"的译法暗含台湾是另外一个"China",这样就会给人造成世界上有"两个中国,一中一台"的错觉,否认台湾自古以来就是中国领土不可分割的一部分的事实,正确的译法应该是"Chinese Mainland"。再如,关于"改革开放"一词中"开放"的翻译,曾出现过以下三种译法:(1) opening;(2) opening up to the outside world(opening-up);(3) open-door。其中,第 1 种译法意义过于笼统,不够明确。第 3 种译法问题最大,翻译时必须避免采用,因为这种译法是帝国主义在 19 世纪侵略中国时强加给中国的所谓"门户开放"政策的英文说法,其意是粉饰列强对华分割侵略,是为其侵华政策服务的,这与我国现行的开放政策有着本质的区别。第 2 种译法虽长一些,但它忠实、准确地指出了"开放"一词的含义。

上述案例告诉我们,在从事翻译工作,特别是外宣翻译工作时,译员必须自觉增强自身的政治素质。仅有扎实的语言素质还是不够的,只有将这种语言素质与良好的政治素质结合起来才能准确恰当地传达我国的相关信息,使境外受众正确地了解中国的政策、立场和文化。翻译并不单纯是个人的语言行为,而且还是体现国家政策意愿的行为,要做到真实、客观、有效地传达信息,译者必须具有高度的政治责任感和强烈的使命担当。

第二节　译者的语言素质

　　我国 21 世纪翻译人才的任务不仅是把国外的先进东西翻译进来,而且还要把我国的优秀文化、科技成果推向世界,让世界了解我国的民族文化和科技发展。对于从事翻译工作的职业人员来说,具备扎实的语言功底是翻译人员必备的基本素养,无论是汉语功底还是外语功底,都需要经过长期的专业学习和不断的经验积累方可取得,可以说,语言素质是衡量职业译员的基本标准之一。

一、语言素质的概念及要求

　　翻译涉及两种语言的转换,对译者语言素质的要求自然很高。这里的语言素质首先包括对源语(source language)的理解和对目标语(target language)的运用能力。译员的双语能力不仅仅是指通晓基本语言知识(语音语调、句法结构、词法语义等),更重要的是指运用语言知识的能力(即听、说、读、写、译的能力),但是并非懂得双语的人就能成为一名合格的译员,换言之,掌握两种语言只是成为一名合格译员的必要条件,而不是充分条件。一般来说,驾驭双语能力既是译者语言素养的体现,也是衡量译者翻译水平的一个重要标尺。此外,语言与文化是不可分离的。一个合格的译员,不仅要有驾驭双语语言的基本能力,还必须了解两种文化。文化的差异无论什么时候都是存在的,而翻译人员的职责,就是要缩小这些差距,如果译员对两国文化不甚了解,就很难准确地翻译出地道的译文。所以说,要成为一个合格的译员,首先要掌握或精通两种语言文化。

　　译者的语言素养在科技英语翻译中同样具有重要的作用,换言之,过硬的语言能力是进行科技翻译的首要条件。如果说翻译既是科学又是艺术,那么不可否认,科技翻译的科学性高于艺术性,但要准确地传达这种科学性,过硬的语言能力是不可或缺的。这首先表现为翻译过程中译者对外语和母语两种语言知识的掌握程度。译者一方面要正确理解原文,将原文本来的内容严谨、准确地表达出来,保证译文的忠实性;另一方面要用通顺、合理,且符合目标语习惯和科技语言规范的术语表达出来。众所周知,科技文体具有其特殊的功能性。所谓"失之毫厘、谬以千里",如果译文晦涩难懂、含糊不清,让读者不知所云甚至误解,那么译文的功能性就大打折扣了。

　　科技英语翻译中的语言素质不仅要求译者对双语语言知识的掌握,还要求译者在翻译过程中具有一定的语言敏感性。正如刘宓庆先生(2006:263)指出,"严谨的科技翻译工作者,凭借自己的知识和高度审慎精神甚至可以觉察出原文中的疏漏,这类事例,并不罕见"。严谨的翻译态度能够帮助译者查错纠错,而过硬的语言能力同样具有相似的功能。语言能力不足的译者易被原文复杂的文字和句式所束缚和迷惑,翻出来的译文拗口不顺,可读性差,给读者带来阅读困难,甚至译文中出现违反科学常识或专业常识的地方自己也浑然不觉。相反,语言能力较强的译者具有一定的语言敏感性,能够辨识不通顺、不合逻辑的译文,并从中找出译文中可能存在的问题。此时,即使译者由于受科技知识的限制,尚不能确定正确的译法,语言的敏感性亦能让其发现问题、提出问题,然后通过查阅资料、学习相关知识解决问题,从而避免、纠正误译。从某种程度上说,过硬的语言能力能在翻译过程中帮助译者弥补科技知识上的弱势,而这是很多人所忽略的。

科技类翻译的对象具有学科专业性和知识前沿性的特点。这种特殊性对科技译者提出了更高的要求和挑战,要求译者既要通晓两种不同语言,又要具备一定的科技知识。近年来,科技翻译领域对译者专业素养的强调明显超过了对译者语言能力的关注,业界的这些思考与讨论都不约而同将目光聚焦在译者的科技专业知识层面,却忽略了对译者最基本能力素质的关注,即语言能力素养。

虽然科技类翻译(包括工程技术翻译)具有其专业特殊性,但这种“个性”不应掩盖其所具有的“共性”,即科技翻译首先是一种翻译活动,是两种语言的转换,是理解和表达的过程。语言能力作为译者的首要素质,也必然是一名科技翻译者的基本素质。准确性、客观性、逻辑性、严密性、连贯性、简洁性是科技类文献的基本特征。要将科技文体的这些特性在目标语言中完整再现出来,译者首先要在语言层面上准确分析原文的结构含义、上下文逻辑关系;同时,科技文体在功能上起到传达原文作者科学思想和传播科学知识的作用,这就要求译者用通顺、地道、专业的科技语言将译文准确表达出来,即科技翻译首先要做到忠实与通顺,而要做到这一点,译者的语言素质是不容小觑的,相反,如果连忠实和通顺都做不到,翻译便失去了它的目的和意义。

二、语言素质的表现

译者的语言素质主要包括两个部分,本族语的语言素质和外国语的语言素质。本族语是做好翻译工作的前提和基础,人们大都有一种误解,认为只要学好外语,从事翻译工作就没什么问题,但事实并非如此。提高本族语水平,对翻译而言就如同盖房子打地基一样,基础越坚实房子才能盖得越高,本族语的基础打得越扎实,外语水平才能提得越高。对于中国译者而言,汉语是母语,理应没有问题,但事实并非如此,有些翻译工作者,能够说一口比较流利的英语,但是一说汉语反而词不达意、不合逻辑。所以,翻译工作者必须要经常有意识地加强母语学习,夯实基础,提高对母语的理解、运用和表达能力。外宣工作中,译员更要善于仔细、深入、准确地理解中文内涵,唯有如此,才能保证译文的准确和质量。例如,我们常用“摸着石头过河”这个俗语来形容我国的改革开放事业是没有现成的经验可以借鉴的。那么,“摸着石头过河”应如何翻译成英语呢?有人按字面意思将其翻译为“cross the river by feeling the stones”。倘若如此,译者根本就没有真正理解“摸着石头过河”的内涵。实际上,外国人比较常用的说法是“wade across the stream by feeling the way”,这样的译文才基本再现了“摸着石头过河”的内涵。

另外,翻译人员的外语能力至关重要,这一点不难理解。以英语为例,译者的能力至少应体现在如下几个方面:首先,全面地掌握英语语法知识。语法是一门语言的规律总结,掌握了英语语法,就意味着对该语言有了一个总体的认识,也就是获得了一把学好英语的钥匙。语法对于规范译文具有指导意义,尤其是专业性较强的科技英语(包括工程技术英语),这是因为科技材料大多是结构严谨、用词正式的书面语。其次,要具有丰富的英语词汇量。丰富的词汇量会大大提高翻译的速度和准确性。英语的词汇往往一词多义,有些词在词典里虽有某个汉语所表达的意义,但实际上并非是最佳的表达方法。而词汇量丰富的译员能根据目标语的语法和修辞特点,能够用地道的目标语词汇准确地表达出原文所要表达的含义。最后,英语能力还体现在对英语文化知识的掌握上。译者不仅要掌握基本的英语语言知识,还应尽可能多地掌握其他一些与英语语言有关的知识,如英语修辞、文体、语用、历史、文化、文艺等,这方面的素养也会对翻译工作具有重要的指导意义。

在翻译实践中,由于译者的语言功底欠佳而造成的错译、误译屡见不鲜,比如,将在社区工作的"街道妇女"(house-wives in the neighborhood)译为"street women"(妓女);把"三讲"(to emphasize political awareness,to emphasize study and to emphasize integrity)译为"three talkings";将"把中国建设成为"(turn China into)译成"build China into",等等。可见,翻译工作人员的语言水平对于提高译文质量具有至关重要的作用。

三、如何培养和提高译员的语言素质

既然语言基本功是翻译人员应该具备的基本素质,那么怎样培养和提高翻译人员的语言素质呢?

第一,提高语言对比和分析能力。

从语言学的角度来看,翻译是不同语言间的符号转换和信息传递,而转换是在语言对比中进行的。乔姆斯基认为,不同语言的基本规则在很大程度上是具有普遍性的,尽管不同语言的表层结构各不相同,但是深层结构都是相同的。换言之,不同的语句表象都是因为相同的深层结构经过不同的转换而变得形式各异。翻译过程中要克服源语和目标语结构上的差异,比较两种语言各自不同的转换规则和表现形式。从思维反映现实的观点来看,事物的主体(语法上通常作主语)发出动作(通常为谓语),这个动作又涉及另一事物(作宾语)。事物总是在一定的时间、地点、条件下运动和发展的,因此在语言表达上需要状语,事物本身又有不同的性质与特征,这就需要定语等等。翻译不免要在词、词组、分句、句子、段落、篇章等各个语言层面上进行比较。例如,从复句表达的次序来看,汉语习惯于按事情本来的程序,先偏后正,先因后果,先假设后论证,先让步后推论等等,即先从后主,而印欧语往往先主后从。再如在词组的层面上,汉语常用四字结构,表现形式与印欧语有很大差异。通过深入对比可以发现,源语和目标语在思维方式、语言结构、修辞手段等方面同中有异、异中有同。总之,对两种语言掌握得越熟练、越细致,比较得越深入、越全面,在表达上就越精确、越流畅,译文就越准确、越地道。

语言分析是翻译工作(特别是笔译)的一个重要步骤。英语以长句、复合句见多,结构复杂、逻辑性强。碰到要解释的名词,随处都可以加以解释,这就造成作定语的短语、从句

偏多,增加了句子的复杂性;碰到要修饰的词,又随处可以加以说明,这就产生了作状语的短语、从句等等。但是无论句子怎样变化,多么复杂,句子成分总不外乎主语、谓语、宾语、补语、状语、定语之类。句法结构的分析方法也大致相同,先确立主干,再理出分支,顺藤摸瓜,因势利导;分析句子时需化整为零,翻译时再化零为整。当然分析时切不可处处以汉语比附,以致牵强附会,不得要领。如汉语中被说明语和说明语是前后紧挨着的,英语的定语有前置和后置之分,状语则可置于句首、句中、句末。英语被动式用得较多,当不需要说出行为主体时,或强调行为所及的客体时,当句子结构更便于安排时,均可用被动式,但在汉语中一般只是在强调宾语时才用,因此汉语句式多主动、英语句式多被动。总之,分析语言的目的是为了准确地理解语言,同时也是为了更好地表达语言,在实际翻译过程中,离不开对两种语言的对比和分析。

第二,提高语言的表达能力。

具有较强的语言表达能力是从事口头翻译和笔头翻译的基本要求。要把原文的意思确切地表达出来,要求译者选用适当的语言材料和采用合乎目标语规范的句法手段把它组织起来。口头翻译要求迅即反应,脱口而出,笔头翻译虽有充分的时间推敲,但是如果缺乏语言修养,冥思苦想也难得佳句,逐字死译或者杜撰词语又会损害语言或破坏原意。而且,不同文体有不同文体的表达方式。例如,"potato"一词,在我国不同地区有不同叫法:土豆、洋芋、洋山芋、山药蛋、马铃薯等,但作为专业术语,应译为"马铃薯"。又如,"This kind of material has been made of great love"(这种材料已被搞成具有很大价值了),译文中"搞"字在汉语中比较口语化,词义范围较宽,在严谨的科技文体中不宜使用,这句话可以译为:"这种材料经过加工具有很高的价值。"

母语是做好翻译工作的基础。扎实的母语基本功有利于外语水平的提高。母语水平主要包含两个方面的能力:母语的理解能力和母语的表达能力。汉译英时,尤其需要很强的母语理解力。反过来,在外译汉时,如果只有较强的外语能力而没有较强的母语表达能力,那就很难将源语中一些精彩的内容用同样精彩的母语表现出来,翻译的目的便无法实现。只有对母语具有较为全面、深入的了解,具有很强的理解能力和表达能力,具有深厚的语文知识,才能在翻译理论研究和翻译实践中发现和找出两种语言共有的规律性和两种语言在词汇、语义、结构、思维方式、逻辑推理等方面的差异性。遇到问题时,才能知道从何处着手去解决问题,从而达到顺利完成翻译任务的目的。翻译工作对外语的要求也同样包括语言理解能力和语言表达能力。作为一名合格的译员,必须掌握大量的词汇、习语、谚语、俚语,能够灵活熟练地运用语法手段和修辞技巧。只有这样,才能用不同的词汇来表达同一概念,用不同的方式来表达同一思想内容,然后从中选择最合适的词句和最恰当的表达方式。这两方面的能力加强了,才能在外译汉时正确地理解原文,掌握原文的主题思想和写作风格,在汉译外时,才能用道地的外语忠实、流畅地进行表达。

第三,提高语音识别能力。

一名优秀的译者,尤其是口译人员,不仅要具备良好的英语修养和扎实的汉语基本功,掌握英汉两种语言的特点和互译规律,拥有快速、准确地遣词造句能力,还要具备良好的语音识别能力。译员的听力理解能力是口译成败的一个关键因素,也是一名译员的语言文化和知识水平的反映。在口译过程中,影响听力理解的因素如下:口音、语感、词汇量、知识面、注意力以及音量与干扰等。英语是世界性的大语种,口音五花八门,有些连英美人自己都听不清楚。译员不仅会接触到标准规范的英语语音,也会接触到非标准非规范的英语语音;不仅要能听懂英、美口音,也要能听懂加拿大、澳大利亚、新西兰、南非等国的口音;不仅要听懂英语民族的口音,也要能听懂非英语民族的讲话,如南亚人、东南亚人、非洲人、中东人、北欧人、南欧人、拉美人等等。他们的语音都不同程度地带有自己母语的口音。要听懂这五花八门的口音,译员必须在平时就注意多听一些英语的口音、方言及变体,注意总结其特点和规律,并学会逻辑推理和判断讲话的前因后果,正确判断说话人所要传达的信息,领会其意向、目的、态度,从而做出果断、正确的选择。作为口译人员,翻译时还应注意以下几个方面:(1)无论是本族语还是外国语,都要发音清楚,明白易懂。译员讲话不能带有方言,因为如果译员讲方言,可能会有碍交流。另一方面,译员又必须要听懂各种方言,因为讲话人可能来自不同的地方,如果听不懂方言,就无法翻译。(2)说话要干脆利落,避免重复啰唆。(3)语速要适当,停顿要自然。(4)语调要自然,不能装腔作势,更不能喧宾夺主。(5)声音大小要适中,声音太小或太大都会影响翻译的实际效果。

第四,提高文化素养水平。

作为一名合格的译者,所要解决的不仅仅是语言的问题,还有语言背后的文化问题,因为语言是文化的产物,它的形成与发展离不开民族的历史和文化。尤金·奈达(1993)曾在《语言、文化与翻译》(*Language, Culture and Translating*)一书中指出:"就真正成功的翻译而言,译者的双文化功底甚至比双语言功底更重要,因为词语只有在其起作用的文化语境中才富有意义。"从另一方面来看,语言反映一个民族的特征,它不仅包含着该民族的历史和文化背景,而且蕴藏着该民族的价值观念、生活习惯和思维方式。语言所反映的这种文化背景知识是作者和源语受众所共有的,基于这共有的文化背景,作者在创作的时候,往往故意略去一部分信息,让读者根据自己已有的知识自动构建语义信息,从而保留原文的含蓄美,带给读者的也是美的享受。然而,对于目标语受众来说,他们却很难自己弥补那部分被略去的文化信息,难以实现语义连贯的重构,这时就需要译者这位"文化媒人"及时为原作者和目标语受众牵线搭桥,向目标语受众介绍原作者的意思,然而,没有对原语文化中经贸、法律、科技、医学、历史、地理、政治、宗教、艺术、风俗习惯等各方面文化知识的掌握,译者是很难胜任翻译这项工作的。例如:

原文:It is a way, he says, of paying tribute to the rock'n'roll era that had a huge impact on him as a child. So why did the idea come off the backburner and on to paper and then celluloid? Celebrity burn-out is the answer. Hollywood's man with the golden touch had had a string of box-office success, from *Sleepless in Seattle* to *Toy Story* and *Apollo* 13, and had won Oscars two years in succession, for *Philadelphia* and then *Forrest Gump*.

译文:他说这是颂扬那个给他童年带来巨大影响的摇滚乐时代的一种方式。那么这个想法怎么会由一个不起眼的念头变成了文字,然后又变成了电影呢?

答案是名人筋疲力尽了。这位点石成金的好莱坞宠儿由《西雅图夜未眠》到《玩具总动员》和《阿波罗 13 号》，获得了一连串的票房成功，并因《费城的故事》和随后的《阿甘正传》连续两年问鼎奥斯卡奖。

上述原文中，"rock'n'roll"一词于 1951 年因著名的电台音乐节目主持人艾伦·弗里德首次使用而流传开来。"backburner"意思是"次要地位，一时不重要的地位"。"golden touch"是"点金术"。"*Sleepless in Seattle*，*Toy Story*，*Apollo* 13，*Philadelphia*"和"*Forrest Gump*"是电影片名。"Oscar"是美国电影艺术与科学学院奖。译者如不了解上述信息的文化内涵就很难翻译好原文。

可见，一名合格的翻译人员必须具备合理的知识结构，应积极学习语言以外的"杂学"，尽量使自己成为一名"杂家"。因为一个国家的政治、经济、地理、历史、文学等历史和现状构成了它的文化总和，如果这些方面的知识欠缺就可能导致翻译的失误。也就是说，一名出色的译者应该是"a person who knows something of everything and everything of something"（通一艺而专一长）。这里的"something of everything"指的就是译者的知识面问题。虽然有些东西我们没有必要也不可能样样精通，但有些我们有可能涉及的东西还是应该有所了解的，哪怕是浅尝辄止，有时也会在我们的翻译中起到意想不到的效果。例如，"敦刻尔克"（Dunkirk）不只是法国的一个海港，而"滑铁卢"（Waterloo）也不只是比利时的一个地名；它们除了地理意义之外，还包含着历史文化上的种种背景和联想。敦刻尔克使人们联想起第二次世界大战中英军在该港的大溃退，而滑铁卢则使人想起了拿破仑在该地的惨败，并由此联想到它们所引申出的历史意义。又如，每年我们经常会接触到国内受众耳熟能详的"两会"一词。倘若将该词译为"Two Conferences in China"恐怕会让外国受众不知所云。实际上，它专指我国于每年 3 月份召开的全国人大和全国政协会议，所以，应译成"the National People's Congress"（NPC）和"the Chinese People's Political Consultative Conference"（CPPCC）。再如，把"以出口为龙头"翻译成英语，能不能直接翻译为"with export as the dragon head"呢？显然，这样的翻译是很难让外国人明白的，因为"以……为龙头"这个说法是源自耍龙灯的习俗，而多数外国人不一定熟悉这一习俗。为了取得较好的效果，最好是用能够跨越文化障碍的表达方法，如"火车头"或"旗舰"，即"with foreign trade as the locomotive/flagship"来译比较妥帖。

另外，作为翻译工作者，不论是从事文学、科技、商务，还是其他方面的翻译工作，语言文化修养都是基本功，除此以外，还应该加强培养自己的逻辑思维能力。有些译员翻译时出现误解、错译或漏译不是因为语言能力差，而是因为逻辑思维能力差，原文中存在的一些逻辑上的关系，译者未能从字里行间、上下文关系上悟出来，所以出现差错。逻辑思维能力的提高还能帮助译者理解从字面上无法理解的内容。

总而言之，翻译工作者只有具备必备的素质，才能完成历史赋予的伟大使命，真正使翻译工作在建设社会主义现代化强国中发挥其应有的作用。

第三节　译者的专业素质

在我国翻译行业中，从业人数最多的是科技翻译工作者，与目前市场经济联系最直接、最紧密的也是科技翻译工作者。然而，不少科技文本的翻译质量却令人担忧，造成这种现象的原因主要有二：一是翻译人员对所译领域的专业知识知之甚少；二是相关领域专业人才的外语翻译水平相对薄弱。一句话，既能翻译又懂专业的人才非常匮乏。而专业知识在科技翻译中是非常重要的，如果说文字功底是文学翻译的基石，那么科技专业知识则是科技翻译的基石。俗话说"隔行如隔山"，如果译者对所译资料的专业知识一无所知或知之甚少，那么他就不可能得心应手地进行翻译，其译文极有可能会出现不准确、不充分或不地道等问题。

一、专业素质的概念

译者的专业素质主要是指译者应具备的翻译基础理论知识和翻译技巧等基本素质以及翻译所涉及的相关领域专业知识素质。所谓相关领域专业知识，主要是指人们在某一专业领域内所掌握的知识，而且往往需要经过长期的学习和培训才能掌握。不少人认为，翻译工作者没有专业。这句话应该辩证地看待，如果说它不正确是因为从事翻译工作的人员也需要经过翻译专业的学习和培训，这本身就是一种专业；如果说它正确是因为译者往往根据需要翻译不同专业的材料，或政治，或贸易，或科技，或文学，没有固定的专业。然而，对于译者而言，专业知识旨在帮助正确理解和表达原文，使译文更加准确，因此，翻译人员所要求的专业知识不需要像专业人员那样精深，只需要掌握所译专业的基础知识、基本原理和基本术语即可。事实上，翻译人员在工作中遇到的翻译难题，并不是因为缺乏外语知识，而是因为对原文所涉及的专业知识缺乏必要的了解而造成的。另外，由于一个人的能力和精力毕竟有限，不可能同时掌握多门专业，只能根据自身或翻译的需要学习或了解一两门专业，以保证翻译的质量。

二、工程技术英语翻译的基本要求

（一）掌握必备的专业基础知识

工程技术翻译人员除了应具备扎实的外语和母语基本功外，还应熟悉相关的工程知识。一个对工程知识一无所知或知之甚少的译员只能依靠在翻译过程中对语言本身的理解去解释深刻的工程原理和工程现象，这无论对笔译还是口译来说都是一件非常艰苦、枯燥，甚至痛苦的任务。在知识爆炸的现代社会，要求每个翻译人员掌握所有专业的工程知识是一种不切实际的苛求,但为了能胜任翻译的本职工作,工程翻译人员至少应熟悉当前正在参与的工程的基本知识。例如,一个正在为三聚氰胺装置建设工程承担翻译任务的译员除了应该知道生产三聚氰胺的主要过程及工艺流程,还得学习一点与此工程相关的土建、化工设备、电气仪表和自动控制等方面的基本知识。如果译者参加的是国际承包工程中的筑路项目,还得去学习筑路专业和国际承包业务方面的知识。例如:

> Ambient temperature can be below the pour point of the hydrocarbon feed stocks of the unit. Apply tracing to all dead ends to prevent solidification of the fluids. This may include vessel bottom, pressure and flow instruments, drain and vent connections, bypasses and sample connections.

上面这段英文涉及较为专业的石油化工知识。主要意思是说,为防止当环境温度过低造成烃油黏稠度上升而不能自由流动(即温度低于译文中提到的"倾点"),需要对整个工艺过程中流速较慢或基本不流动的区域(即译文中所说的"死区")进行伴热,以保证其流动性。如果译者不熟悉专业知识,不了解工艺过程和相关的物理学知识,就会不知所云,搞不清逻辑关系,特别是对句中影响理解的重点词汇,如"pour point"(倾点)、"tracing"(伴热)、"dead end"(死区)、"drain and vent"(排凝与放空)、"bypass"(旁路)和"sample connections"(采样接头)等把握不准,找不到恰当的中文对应,也就谈不上准确的翻译了。请看下面的译文:

> 环境温度可能会低于装置烃油进料的倾点,所以要在死区进行伴热以防止流体凝固。这些区域包括容器底部、压力和流量仪表、排凝和放空接头、旁路和采样接头等。

这样的译文逻辑正确、用词专业、言简意赅,充分反映译者对专业知识的了解和专业词汇的熟悉。工程技术翻译和专业知识是紧密相关、不可分割的统一体。翻译的过程不仅是语言运用和语义转换的过程,更是逻辑思维和逻辑分析的过程。针对专业背景知识的缺乏,译员在日常的翻译训练和翻译实践中,应注重专业背景知识的学习和积累,以丰富自己的知识储备,提高自己在相关专业领域的翻译能力。在每一次翻译实践中,译员应对文本中涉及的相关专业知识认真加以归纳和总结,把庞杂的专业知识一点一滴地积累起来。当然,每个人的能力和精力都是有限的,译员对于专业知识的学习,可以根据自身情况选择擅长的领域进行学习。翻译前,可以先向本专业人员了解相关知识,对原文有一定了解后再进行翻译,或者翻译中遇到问题时,及时向专业人士请教,从而避免因专业知识的缺乏而造成翻译的失误。

(二)掌握大量的专业词汇和专业术语

很难设想一个工程专业术语词汇量贫乏的译者能胜任工程翻译工作。一个没有涉足过化工专业的翻译新手是无论如何都不会想到"氨合成塔"的正确译法应该是"ammonia converter"。工程翻译在很多时候接触的是在工程现场第一线工作的工程技术人员,他们对有些工程术语有其固定的习惯称呼,这些习惯用语往往在专业汉英词典上都无法查到。这就得靠在工作中不断积累。例如,在尿素车间的工程师和操作员很少把"carbamate"称为"氨基甲酸酯"或"甲氨酸酯",而将其简称为"甲氨"。又如,化工人员说到"碳铵"这种化肥时,是指"碳酸氢氨"(ammonium bicarbonate),而不是"碳酸氨"(amminium carbonate)。再如,当化工人员说"拉料"时,意思是"降低物料液位"的意思(to reduce the level of reactant fluid)。

工程技术英语中,很多相关的专业词汇和术语与普通词汇相同,但词义却完全不同,而且在不同的专业中词义也不一样;在工程技术语言中,一词多义现象较多,因此专业术语的翻译是重点和难点。专业技术语言中,普通词汇被赋予特定的新的含义。在不同领域,同一词汇会被译成意思完全不同的专业术语。如 carrier 的普通意思为"搬运工"或"递送人",但在计算机领域中的意思为"媒体",在集成电路中的意思为"载体",在通信中的意思是"载波"。在翻译过程中,有时甚至会遇到某些词在词典上找不到适当的词义,如果任意地硬搬或逐字死译,会使译文生硬晦涩,不能确切地表达其原意,甚至造成误解。这时要根据上下文内容和逻辑关系,从该词的根本含义出发,结合相关专业去判断其词义。翻译是将一种相对陌生的表达方式,转换成相对熟悉的表达方式的过程。其内容有语言、文字、图形、符号的翻译。其中,"翻"是指对交谈的语言转换,"译"是指对单向陈述的语言转换。工程技术翻译首先要忠实于原文,能准确传达出原文的信息和思想;其次,要通顺易懂、符合规范,还要具有专业特色;再次,语言要精练;最后,要做到对等,只有做到术语对等,才有可能实现信息对称,从而保证译文语言地道专业。

此外,工程技术英语汉译时还需根据不同的语境确定词义。在工程技术英语中,同属某一词类、某一专业的词在不同的语境里往往也有不同的意思。这里的语境是指一个词的前后搭配关系、该词所处的上下文及与该词有关的工程技术原理和工程背景信息。一个词决不会孤立存在的,它总处在某种语境中。要准确地确定某个词的意思,译员一定要把它与它所处的语境联系起来分析。试分析"level"一词在下列四个例句中的意义。

① Formation level is the top surface of embankments and cuttings which is obtained after completion of earth works.
译文:路基(标高)顶面是指土方工程完成后所形成的填方路堤和挖方路堑的表面。

② The contractor shall make sure whether the data of flood water level and current velocity shown on the drawings is reliable or not.
译文:承包人应弄清图纸中给出的关于洪水水位和河水流速的资料是否可靠。

③ When the masonry work is constructed in layers, each layer shall be in level course.
译文:砌体分层砌筑时,每层应找平。

④ The new advanced technique will help to increase the level of their production.

译文:这项新技术将帮助他们提高生产水平。

可见,"level"一词在工程中有许多意思,要仔细分析其语境才能准确判断词义。例①实际上是为"formation level"下定义,指路基工程完成后所形成的路基标高顶面。"formation level"是一个整体概念,不能把它们分开来理解,也不能照搬词典把"level"译成"水平面""水平线""地位"或"水平"等。例②中的 level 的词义可根据前面的"flood water"及后面的"current velocity"来确定。例③中的"level"位于"course"之前作定语,另外砌体工程分层施工时,每层应大致平整,因此可确定"level course"为"平整层"之义。"be in level course"按行话来翻译就是"找平"。例④中的上下文可确定"level"的意思是"水平"。

总之,对于工程技术文体的翻译,首先要弄通文体所涉及专业内容和有关的科学原理,不具备起码的基础知识和专门知识是不可能进行科学翻译的。其次要准确把握专业词汇的指称意义并注意固定词组的翻译,要区分一般用语和专业术语,然后再确定其专业范围。最后还要深入理解句子含义并灵活运用转换技法。翻译科技文章不可拘泥字面,而要深入分析句子的命题结构、数量关系和逻辑关系,分清句子的主次和搭配的性质。

(三) 掌握必要的信息技术

信息技术的发展日新月异,给翻译产业带来了一场变革。例如,以 SDL Trados Studio 为代表的翻译工具给个体翻译工作者造成了各种各样的冲击和影响。从正面影响来看,翻译记忆技术可以减少翻译工作者的重复劳动,提升效率。从负面影响来看,采用翻译记忆技术进行翻译时,由于缺乏上下文,易造成误译,而一旦误译出现就可能被反复使用,因此使用翻译记忆工具在一定程度上不利于翻译工作者成长。无论是为了满足现代翻译项目的新需求,还是为了应对不断发展进步的机器翻译所带来的新挑战,翻译工作者都应在提高专业素质的同时,熟练掌握现代翻译技术,适应时代发展的需要。具体地讲,译者应具备以下几方面的翻译技术能力。

1. 具备计算机基本技能和 CAT 应用能力

计算机技术的基本应用能力已成为现代翻译职业人才的必备素质。在现代化的翻译项目中,翻译之前需要进行复杂文本的格式转换(如扫描文件转 Word)、可译资源抽取(如抽取 XML 中的文本)、术语提取、语料处理(如利用宏清除噪音)等,在翻译过程中需要了解 CAT 工具中标记的意义,掌握常见的网页代码,甚至要学会运用 Perl、Python 等语言批处理文档等,翻译之后通常需要对文档进行编译、排版和测试等等。可见,计算机相关知识与技能的高低直接影响翻译任务的进度和翻译质量。此外,作为职业翻译人员,还需具备 CAT 工具使用能力,传统的翻译工作通常任务量不大,形式比较单一,时效要求也不是很强,所以并不强调 CAT 工具的作用。在信息化时代,翻译工作不仅数量巨大、形式各异,且突发任务多,时效性强,内容偏重商业实践,要求必须使用现代化的 CAT 工具。当前各大语言服务公司对翻译人员的招聘要求中,都强调熟练使用 CAT 或本地化工具。据《中国地区译员生存状况调查报告》(传神联合,2017)的统计,71%的译员在使用辅助翻译工具,80%的译员使用在线辅助参考工具,可见翻译职业化进程对译员的 CAT 工具应用能力要求正在逐步提高。

2. 掌握信息检索能力

在这个互联网高速发展的信息时代,信息广泛渗透到科技、文化、经济的各个学科领域以及人类生活的各个方面。18 世纪英国文豪、辞典编撰家塞缪尔·约翰逊曾指出,知识有两类,一类是我们自己知道的;另一类是我们知道在什么地方可以找到的。随着互联网的迅猛发展,网络上充斥着大量真假难辨的信息,快速、有效、经济地获取与自身需求相关的有用信息,已经成为信息化时代翻译人员一项不可或缺的基本技能。当代译员应熟练掌握主流搜索引擎和语料库的特点、诱导词的选择、检索语法的使用等,以提升检索速度和检索结果的质量。

3. 具备术语处理能力和译后编辑能力

所谓术语处理能力,即译者能够从事术语工作、利用术语工具解决翻译中术语问题的知识与技能,该项技能具有复合性、实践性强的特点,贯穿整个翻译流程,是翻译工作者不可或缺的一项职业能力。术语管理是译者术语能力的核心内容,已成为语言服务中必不可缺少的环节。译员可以通过术语管理系统(TMS)管理和维护翻译数据库,提升协作翻译的质量和速度,促进术语信息和知识的共享。因此,当代译员需具备系统化收集、描述、处理、记录、存贮、呈现与查询术语管理的能力。机器翻译在信息化时代的语言服务行业中具有强大的应用潜力,与翻译记忆软件呈现出融合发展态势,几乎所有主流的 CAT 工具都可加载 MT 引擎。智能化的机译系统可帮助译者从繁重的文字转换过程解放出来,工作模式转为译后编辑。翻译自动化用户协会(TAUS)曾经对全球语言服务供应商进行专题调研表明,49.3%的供应商经常提供译后编辑服务,24.1%的供应商拥有经过特殊培训的译后编辑人员,其他则分发给自由译者。当代译员需要掌握译后编辑的基本规则、策略、方法、流程、工具等,这也是当代译员必备的职业能力。

以上是信息化时代职业译员翻译技术能力的主要构成要素。实质上,其中的每一项能力都与译者的信息素养密切相关。信息素养指"能够认识到何时需要信息,能够检索、评价和有效利用信息,并且对所获得的信息进行加工、整理、提炼、创新,从而获得新知识的综合能力"(陈坚林,2010:160)。具体来说,译者信息素养指在翻译工作中,译者能够认识到如何快速准确获取翻译所需的信息,能够构建信息获取策略,使用各种信息技术工具检索、获取、理解、评判和利用信息,同时还要遵循信息使用的伦理要求。无论是上述哪一种技术能力,其本质都在于试图使用信息技术介入翻译过程,或是方便相关信息检索,或是自动化生成译文,或是对相关资源实施管理,以辅助译者将源语信息成功转化为译语信息的过程,减轻译者的工作负担,提升翻译生产力。

三、如何培养和提高译者的专业素质

近年来,随着全球化进程的加速发展,科技翻译的重要性日益凸显,那么,如何培养和提高译者的专业素质呢?

(一) 打好扎实的英汉双语基本功

科技文献由于内容、语域和语篇功能的特殊性,具有自身的一些特点。从事科技翻译的译者既是原文的读者，也是译文的作者。作为读者，译者首先要通读全文，在通读原文之后，译者要具备分析原文语句的语法结构关系的基本功，特别是那些可能会影响对原文理解的结构复杂的句子。遇到修饰关系复杂的长句，我们可能很难很快弄清句子的意思，这时要集中注意力理顺句子中各个成分之间的语法关系，才能真正做到正确理解原文的含义。此外，在科技英语文献中同一个词在不同的词组搭配中，在不同的语法结构中可能有不同的含义，同样需要译者具备词义辨析的能力。

① This non-revolving crane consists of a horizontal section called a load girder, made up of a number of steel beams, resting on end carriages which run on overhead gantry rails.

译文：这种非回转式起重机包括一个称为承载梁的水平部件，承载梁由许多钢梁组成，承载梁搁置在位于端部的并在高架轨道上运行的牵引箱上。

该例句的修饰关系比较复杂，过去分词短语"called a load girder"用来修饰宾语"a horizontal section"，过去分词短语"made up of a number of steel beams"和现在分词短语"resting on end carriages"皆用于修饰名词短语"a load girder"，"which run on overhead gantry rails"为定语从句修饰先行词"carriages"。在深刻领会原文的基础上，重新进行信息结构整合、理清逻辑层次，用符合汉语习惯的表达方式将原文信息再现出来。可见，熟练地掌握英汉两种语言是从事科技翻译的基本条件。熟悉两种语言不仅要求译者具备两种语言的听说读写技能，同时还需掌握翻译所涉两种语言的语音、形态、语义，甚至包括句法和语用等方面的知识。此外，还应熟悉两种语言背后的文化，文化因素的差异可能会导致两种语言，甚至使用同一种语言的不同地区在专业词汇上的差异。

（二）积累中西方文化知识

随着信息的传播和大众传媒的崛起，全球化与文化的关系更加紧密。翻译是一种跨文化信息交流活动，它的本质是传播。在全球化背景下，翻译的作用越来越凸显。简单说来，全球化使得语言与文化更加难以分开。语言是文化的载体，是传播文化的手段与途径；文化对语言有制约作用，发展并影响着语言。语言和文化是互相沉淀、相互辅助、流传而成的，语言其实也是文化的一部分，但是文化也依赖语言来进行传播。

无论从事哪个领域的翻译工作，译者所面临的不仅仅是语言的问题，还有两种语言背后的文化问题，翻译不仅是两种语言符号系统的转换，更是两种文化系统间的转换与交流。而从另一个角度看，语言反映一个民族的特征，它不仅包含着该民族的历史和文化元素，而且蕴含着该民族对人生的态度和看法以及其特有的生活方式和思维方式。语言所反映的这种文化背景知识，是作者和原语读者所共有的，但是对于目标语读者来说是缺省的，译者这时候的主体性作用就要体现出来。译者必须作为"桥梁""媒人"去沟通两种语言与文化之间的断层，弥补源语和目标语之间的"语言缺省"和"文化缺省"，否则，译文就很难满足目标语受众的需要。

科技翻译同样需要面对跨文化差异，需要考虑两种语言背后的社会历史发展差异。

要想成功地翻译,不仅需要掌握两种语言,还要去了解两种文化。在具体文化背景当中,才可以将自身的意义再现出来。因此在翻译科技英语的时候,需要注重文化差异的影响,一些词语虽然看起来意思相同,但是涉及的文化含义却具备很大的差异。如"solar sail"属于一个科技词汇,可以翻译为太阳帆,指的是一种利用太阳能在星际中飞行的设备。如果没有考虑到科技含义,就可以直接翻译成登日飞船,很多英语词汇的来源是希腊神话故事,例如翻译"a Herculean task"为"艰巨的任务","Pandora's box"为"邪恶的源泉"。在实际翻译的时候,需要了解其文化内涵和使用语境,这样才能做到准确的翻译。

(三)掌握相关领域的专业知识

语言以其在社会生活中各个不同领域的使用而存在,使用在日常生活领域的是日常语言,使用在特殊领域的时特殊语言。随着全球化的发展,分工越来越精细,语言的使用也越来越专业化、精细化。俗话说"隔行如隔山"即表达了这一概念。译者要翻译特殊领域的语言就必须具备特殊领域的语言和行业知识。科技翻译工作者若缺少相关的专业知识,翻译出的译文则可能不准确、不专业。例如:

② 第一条　组建河源市工程技术研究开发中心(以下简称"工程中心")是一项旨在促进工业企业技术创新和科技成果转化的有效措施。根据《广东省工程技术研究开发中心管理办法》(粤科计字〔1998〕126 号)文件精神,结合我市的实际,制订本办法。

译文:Article 1 The organization of Engineering and Technological Research and Development Center of Heyuan City (hereinafter Engineering Center), is an effective measure aiming at promoting the transformation in technological and scientific results of industrial enterprises. The Regulations is hereby formulated according to Regulations for Management of Engineering and Technological Research and Development Center of Guangdong Province (Decree No. 126, 1998) and in light of the actual situations of Heyuan City.

该文本涉及相关法规的基本知识,包括用词、格式以及特殊句式等,如果不具备法律基本知识,就难以准确地完成这一翻译任务。

③ This lathe does not have the capacity of machining the product correctly because it cannot satisfy the specified dimension tolerance.

译文:因为这台车床无法满足规定的尺寸公差,因此它不具备准确加工这个产品的能力。

原文属于机械制造科技英语,句中的"tolerance"源于人们日常生活中的普通词汇,是"宽容"的意思,若将该词译为"宽容",显然不合逻辑。在机械制造领域,该词的专业含义是指实际参数值的允许变动量,既包括机械制造中的几何参数,也包括物理、化学、电学等学科的参数。所以,正确的译文应该是"公差"。

（四）掌握必要的翻译技巧

翻译实践表明，娴熟的翻译技巧对科技翻译工作者来说不可或缺。所谓翻译技巧，就是在弄清表达同一意义的外语和汉语异同的基础上，找出处理其不同之处的典型手法和转换规律，具言之，就是在处理源语词义、词序、句型和结构的时候所采用的手段。必要的翻译技巧不仅有助于弥合中外两种语言在表达方面的差异，为目标语的语言优势找到用武之地，而且更重要的是可以打造通顺地道的目标语理想译文。例如：

④ The material benefits of science are clear，but the pervasive influence of science on how we think is little understood.

译文：科学创造的物质利益虽然有目共睹，但科学对人类思维方法的深远影响却鲜为人知。

本句译文运用了多种翻译技巧，译文通顺流畅、层次分明、语意连贯、衔接自然，毫无矫揉造作之嫌。

⑤ Fluid heat exchangers should be used. These prevent overheating，maintain the fluid in the required viscosity range，and retard thermal and oxidative degradation.

译文：为了防止油液过热、保持油液所需的黏度，并且保护油液不会因高温和氧化作用二分解，应该使用油液散热器。

该译文采用合译法，将原文两个句子加以压缩，译成一个汉语句子。如果机械地照搬原文，反而会使汉语句意不明、结构松散。由于汉语是意合语言，译文完全可以减少不必要的重复和累赘，直接译成一个句子。

⑥ No plants or animals are likely to be startlingly different from their parents.

译文：任何动植物都不会与其母体有惊人的不同。

如果将该句译成"没有任何植物或动物可能与它们的母体惊人的不同"便显得生硬拗口，不合逻辑。显然，这种有"隔雾赏花之感"的译文是译者太过拘泥于原文、缺乏必要的翻译技巧所致。

可以说，掌握娴熟的翻译技巧是与外语水平、汉语功底和科技知识同等重要的基本素质，译文艺术之美，半数奠基于此。任何一种翻译技巧和方法都不可能凭空创造出来，而是在大量的翻译实践中积累、归纳和总结出来的。我们虽不能说翻译中有什么固定的"公式"可供译者临摹或类推，但灵活选择句式、巧妙调整词性和成分等跳出原文结构的框框却是不容忽视的。掌握娴熟的翻译技巧有两种途径：一是勤于翻译实践，不断总结归纳；二是学习大家之长，借鉴他山之石。可见，掌握必备的翻译技巧是从事翻译工作的必要条件。在实际翻译过程中，译者只有灵活地使用各种翻译方法，译文才能地道准确、自然流畅。

总之，一名合格的翻译人员，必须具备上述基本的专业素养才能胜任未来的翻译工作。

第四节　译者的职业素质

在世界不同文明的交流与融合中，翻译始终起着不可或缺的重要作用。21世纪是全球化的世纪，是人类交流更加密切、交往更加广阔的世纪。随着全球化进程的加速，翻译作为沟通中外交流的桥梁和媒介，在让世界了解中国，让中国走向世界中发挥着不可替代的作用。中国五千年悠久而璀璨的历史文化不仅属于中国，也属于世界，中国理应对新世纪世界文化格局的形成和发展做出自己的贡献。而要承担和完成这一历史使命，中译外翻译工作任重而道远。翻译工作是决定对外传播效果的最直接因素和最基本条件，从某种角度来讲，也是一个国家对外交流水平和人文环境建设的具体体现；中译外在向世界说明中国、实现中外交流、介绍中国五千年文化、展示中华民族的追求和推动构建人类命运共同体中具有重要的作用。目前，中译外翻译工作面临的最大问题是高素质、专业化外译人才的严重匮乏和翻译队伍的"断层"。总之，翻译工作意义重大，任重而道远，因而对译者的素质要求也越来越高。

一、职业素质的概念

德为才之帅，才为德之资。任何行业都讲究职业道德，翻译也不例外。所谓翻译的职业素质是指，译者从事翻译工作应遵守的基本职业操守和翻译伦理道德，其主要表现在职业兴趣、职业能力、职业个性及职业情况等方面。影响和制约职业素质的因素很多，主要包括：受教育程度、实践经验、社会环境、工作经历以及自身的一些基本情况（如身体状况等）。张健先生（2001：79）在谈到外宣译员的职业道德素养时指出："译者的政治责任感和职业责任感是能否做到准确翻译的先决条件，也是译者应有的起码译德，因为在信息传播过程中，译者起着桥梁作用，担负着双重任务，既要理解对方，又要表达自己，中间要逾越的障碍何其多！稍有懈怠，就会带来不良影响。有时即便是小心翼翼、如履薄冰似地通过了，还难免留下屡屡伤痕、诸多遗憾。"

素质，亦称素养，既可指人或事物某些方面的本来特点和原有基础，也可指人们在实践中培养出来的修养。素质包含的内容是多方面的，一般有文化素质和政治素质。李亚舒、黄忠廉（2005）认为，素质修养是一个综合的概念，这个概念内容是抽象而具体的。说它抽象，是它含有哲学思维；说它具体，是它能检验翻译操作。因为一名译员的素质修养必将体现在其思想水平、文化程度、知识技能和行为举止等各个方面。柯平把翻译工作者的素养分为三类，即"扎实的语言功底""广博的言外知识"和"敏锐的感受能力"（柯平，1993：12）。翻译作为中外交流的桥梁，肩负着传播先进文化、促进社会进步和世界文明发展的历史使命。凡有志于翻译工作的人，必须具有对社会负责的精神，对这项工作倾注极大的热情，要耐得住寂寞，做好长期伏案工作的准备，养成一丝不苟、严谨认真的作风。

二、职业素质的重要性及要求

良好的道德素质是翻译人员取得成功的先决条件。做好任何工作必须要首先热爱自己的本职工作，遵守职业道德，要有献身、埋头苦干的精神和严谨负责的工作作风。比如，要想做好外宣翻译，向外界正确传达我国的政策主张及现状国情，就要多做些研究调查，扎实苦干一定要做到谨慎严格，坚决摒弃草率敷衍的态度和做法。翻译人员在工作中要多想多思，虚心向别人学习并且勇于创新。要用脚踏实地的态度完成工作，并且谦虚谨慎地进行检查。良好的职业道德还包括爱国主义意识。爱国主义是最高的职业道德，尤其在一些涉外活动中，往往会提到台湾、钓鱼岛等敏感的政治话题，这时译者应格外谨慎地对待。要想做到翻译的万无一失，就应在翻译前做好准备，切勿对敏感话题作模糊翻译。作为专业的翻译人员要树立爱国意识，坚决否认歪曲报道，并且要对歪曲报道加以澄清。

良好的职业道德是翻译人员应该具备的最重要的素质。尤其是外宣资料的翻译作为我国对外宣传的重要方式，亟须译者有认真负责、一丝不苟的精神，任何马虎草率的态度和做法都必须坚决摒弃。对同一篇外宣材料的处理，由于不同的译者因其社会地位、政策敏感性、生活阅历、语言功底以及审美标准的差异，定会有不同的理解和阐释，但这不能成为外宣翻译实践中许多误译现象的借口。实际上，当前不少外宣资料英译的不足之处，不仅表现在译员的翻译能力上，也反映在译员的从业态度上。有些错误甚至可以说是低级错误，只要译员多些敬业精神，是完全可以避免的。例如，染发的"染"字英文 dyeing 少了一个字母，变成 dying（死亡），用餐的"碗"字英文 bowl 又多了一个字母，成了 bowel（肚肠，英文说"拉肚子"也用这个词）。又如，高速公路上的警示语"请勿疲劳驾驶"翻译为"Drowsy driving is prohibited"则比较地道。

良好的职业道德也是一名翻译工作者应尽的道德与法律义务。职业道德在不同的历史阶段具有不同的内容和含义。作为新世纪的翻译工作者，应具备以下基本的职业道德：

第一，遵守道德准则和底线。

译者在翻译时首先要尊重原著作者或原著版权所有者已获得的一切权利，只有取得原著作者或原著版权所有者同意，才可以动手翻译。译者在翻译过程中，应忠实于原文，不得擅自修改、增删，甚至伪造客户原件内容。译者还应讲诚信、重时效、保质量。如果所译稿件有时间要求，则应在规定的时间内保质保量地完成。只要接受了翻译业务，译者就有责任在整个翻译过程中全力以赴，认真翻译，以保证在承诺的时间内交稿。此外，译者还应保守秘密、遵守行规。应尊重译文使用者的合法利益，对因翻译需要而了解到的任何信息应视为职业秘密而守口如瓶。如果翻译内容为商业性文件、有价值的文件、专利技术等保密性材料，应对所译内容严格保密，既不能向第三者泄露也不可窃为己有。同时，译者还应遵守行规，在工作中不应跟同行作不公平的竞争要价，故意割价抢走同行的客户，向客户收费必须合理，不得欺骗，不应接受低于行规或专业团体所规定的报酬。不可为多得稿费而增加字数使译文冗长，不得以译稿要挟客户等等。

第二,具有高度的社会责任感和良好的心理素质。

译者不得将所翻译的原件损坏、丢失,不得在原件上涂抹、翻译。译者不可以运用工作上获得的信息,牟取私利,如译者不得利用原文所载资料买卖股票,否则可能触犯法律。译者不可以为违反法律的组织或活动提供服务,如贩毒、非法贩卖军火、协助非法移民等。译者不可以为违反国家利益的组织或活动提供服务,如卖国行为、海淫海盗、煽动分裂暴乱等。此外,翻译工作者还需具备良好的心理素质。译者每天要面对众多的翻译文献,需要查阅大量的相关资料,这就对译员的心理素质产生了较为严格的要求。良好的心态,愉悦的工作心情,才能让译文更加客观,不带有个人感情色彩。

第三,具有严谨的翻译作风或翻译态度。

翻译无小事。翻译工作需要严谨的翻译作风或翻译态度,没有严谨的工作作风,抱着完成任务的态度去从事翻译工作,那么翻译出来的译文难免存在偏差,甚至还会造成利益的损失。在具备丰富知识的同时,翻译工作者应始终保证一丝不苟的态度。翻译工作是一项科学性很强的工作,翻译者需要严谨、认真、准确,不断检查校对,以求精益求精。多数翻译中出现的错误都是由于翻译者的疏忽大意而造成的。由此可见,翻译者工作的态度决定着翻译质量和效果,影响着受众对所译内容的理解和认识。翻译者要不断培养自身科学的态度,严谨对待工作中的每一个词语。

严谨的翻译态度实际上是立场、作风、思想路线和思想方法等方面的问题。对于译者而言,有什么样的立场、世界观,以及思维方式和思想作风,就会有什么样的翻译态度。由于文化差异,汉语中的很多词句不可能完全对等地翻译成相同的说法,因此在翻译这些词句时要有严谨认真的翻译态度,切勿妄加自己的臆断。必要的时候,应当有相关领域的专业人士参与翻译,对某些特殊、敏感的术语、措辞,还应该有中外专家共同参与。要提高译员的职业素质,必须规范译员的翻译态度,从每位译员做起,从日常工作抓起。尤其是外宣翻译,它是我国对外宣传,展示国家形象的重要方式,翻译人员的态度对译文会有重要的影响,必须要具有一切从实际出发,谨言慎行的态度。对一些我国特有的政治名词,翻译人员要有严格谨慎的态度,仔细去进行考察研究,挖掘词汇的深层次含义,坚决杜绝望文生义、瞎编乱造的现象。总之,对于一名合格的译者而言,勤思考、多请教、忌随意、戒浮躁,任何马虎草率的态度和做法都是不可取的。在翻译中出现的与译者业务能力无关却与译者主观态度不认真有关的低级错误,应该坚决杜绝。提高译员队伍素质,规范翻译市场应从每一位翻译工作者自身做起。只有每一位翻译工作者都有严格的科学态度和良好的职业道德,翻译事业才能拥有一片崭新的局面。

第四,具有宽广的国际视野。

所谓国际视野,就是关注世界的现状与发展变化,了解主要文化及思维的基本特征,具有宽容理解、互利双赢的心态,具备追求人类和谐共处、共同进步的思想。所以,具有国际视野的翻译人才,应该做到以下几方面:(1)知晓中国,了解世界;(2)知晓中国的过去和现在,关注中国的未来;(3)了解世界的现状与变化,关心世界的发展;(4)把个人的发展和民族的复兴、国家的强盛和人类的进步紧密地结合在一起。这也是翻译人员,尤其是外宣翻译人员的基本职业素养。

翻译工作者从事的是特殊行业,面对的是国外的受众,因此要有广阔的国际视野。对外宣传是一种跨越国界的相互交流活动,由于各个国家政治体制、风俗习惯、人文自然等各方面的差异,在相互交际过程中出现矛盾是不可避免的。要想消除文化障碍,满足受众的文化需求,采用必要的变通翻译是很好的策略。而要达到心灵上的沟通交流,使受众能够心领神会,翻译人员必须熟知国外的文化背景、风土人情等各种习惯,开阔自己的视野,使自己不只是简单的翻译机器,更是语言文化传播的信使,通过翻译人员对信息的准确把握与传译,让外国受众领略到源语国家的风采与进步。

　　综上所述,从事翻译工作的人员应该具有强烈的责任心和道德感,具备良好的人格、品行和事业心,有职业目标、有责任感、讲诚信、懂感恩、知敬畏,也只有具备了这样的素质,才能读懂世界,读懂社会,读懂民生,成为一名具有崇高素养的翻译人才。

本章练习

一、作为一名合格的译者应具备哪些基本素质？

_____

二、为什么政治素质在翻译人员,尤其是外宣翻译人员的众多素质要求中最为重要？

_____

三、译者的专业素质和职业素质有哪些异同点？

_____

第四章

工程技术英语词汇翻译

✓参考答案
✓学术探讨
✓拓展资源

□ 英汉词汇现象有什么区别?

□ 工程技术英语词汇有什么特点?

□ 工程技术英语词汇的常用翻译方法和技巧有哪些?

　　相对于文学等其他文体而言,工程技术英语主要涉及客观规律、科学概念、操作规则及过程等事实性内容,其表达专业且语言规范,形式简练且重点突出,句式严谨且逻辑性强,逐渐成为从事工程系列专业技术的相关人员与国外同行进行学术交流的重要途径。因此,工程技术英语翻译理应与其自身的专业特点相结合,一方面要求译文与原文的信息具有等价性,保证信息实现等价转化;另一方面,还要求译文具有较强的传递性,保证译语读者能够完整而准确地获得原文信息。

　　英国翻译家彼得·纽马克(1981)曾经指出:翻译实践中,篇章是最终的质量考核单位,句子是基本的操作单位,而大部分难题都集中在词汇单位。词语虽是最小的语言单位,但它却是传递文本信息的基本元素,词义的正确理解和有效传递是句子翻译及篇章翻译的基础。因此,词汇问题同样是工程技术英语翻译首先需要解决的问题,其专业词汇数量十分庞大且涉及面非常广泛,往往给翻译人员带来很大困扰。

　　总体来说,工程技术英语词汇翻译力求准确、专业、严谨和流畅,既要准确理解并选择词义,又要合乎专业表达规范,相关的翻译人员既要具备一定的工程技术英语专业基础知识,又要掌握相关的翻译方法和翻译技巧。本章将首先对英汉词汇现象展开对比,接着分析工程技术英语的词汇特点,进而探讨工程技术英语词汇翻译的一般方法及常见技巧。

第一节 英汉词汇现象对比

所有的翻译方法和翻译技巧都建立在语言对比的基础之上,只有充分了解不同语言的特点,翻译过程中才能自觉地运用这些特点,进而思考如何运用合适的语言形式。

任何一种语言的词汇意义都是在特定的语义环境之下形成的,包括民族历史文化、心理和观念形态、社会和经济形态以及自然环境等诸多因素。英、汉两种语言分属两种完全不同的语系,无论是在词汇还是在语法结构上都存在很大差异:英语属于印欧语系,是以字母为基础的拼音文字,通过字母组合成音节而生成词语;而汉语属于汉藏语系,是以象形文字为基础的表意文字,主要通过单音节语素的自由组合而生成词语。

一般来说,英汉两种语言在词汇现象方面的差异主要体现在词的意义、词的搭配能力和词序等方面。

一、词的意义方面

众所周知,语言是随着社会实践的不断发展而发展的,词汇意义亦是如此。无论是由于词义的扩展、缩小、升格、降格及转移等各种内部因素,还是因为文化内涵不同或是词汇语义不同等诸多外部因素,词汇作为传载语言的重要因素,其意义都会随着时代的变迁而不断变化。相对来说,英语的词义比较灵活,其词义范围也相对丰富多变,词义对上下文的依赖性较大;汉语的词义则比较严谨,词义范围相对较窄且比较精确固定,词义对上下文的依赖性较小。

以"sail"一词为例,该词最初的意义是"帆",短语"set sail"被用来表达"扬帆起航"之意。但是,随着科技的不断发展,曾经的帆船已经逐渐被煤炭、柴油甚至是核动力驱动的轮船取代,因此"sail"一词也被赋予了更多新的意义。例如,随着潜艇的出现,"sail"被赋予了新的意义"the conning tower of a submarine",即"潜艇的瞭望塔"。因此,我们在理解英汉两种语言的词汇意义时,应该明确其对应程度是否随着社会的发展而发生了变化。

总体说来,不同语言中的词汇意义对应程度大致可以分为完全对应、部分对应、词汇空缺及交叉对应等四种情况。

(一) 完全对应

一般来说,大多数专有名词和专业术语的意义在上下文中相对比较固定,通常已有相对固定的通用译名,此类英语词汇在汉语中大多可以找到完全对应的词汇表达,例如下列词汇所表达的意义,在任何上下文中都完全相等:

clone	克隆
diode	二极管

helicopter	直升机
hydroxide	氢氧化物
tuberculosis	结核病
Novel Coronavirus Pneumonia（NCP）	新型冠状病毒性肺炎

（二）部分对应

英语中有些词汇与汉语中有些词汇在意义上并非完全对应，它们在意义上的概括范围往往存在广狭之分。例如，英语中的"morning"一词的意思为"the period of time between midnight and noon, especially from sunrise to noon"，其语义相对汉语而言要宽泛很多，汉语中关于一天中不同时间段的划分相对更为详细、更为具体。因此，该词既可以对应汉语中的"早晨"，也可以理解为"上午"。

同样，汉语中也存在某一词汇意义对应英语中的两个或多个概念的情况。例如，汉语中的"汽车"一词的意义就相对较为广泛，可以泛指小汽车、公共汽车、卡车、面包车、出租车等各种车辆。然而，英语中的"automobile"一词期源于19世纪末的法国，由前缀"auto-"和词根"mobile"组合而成，意为"汽车"，但是通常只用来指"小汽车"，意为"a road vehicle, usually with four wheels and powered by an internal-combustion engine, designed to carry a small number of passengers"，其他各类车辆则分别要用 bus, truck, taxi, minibus 等不同词汇表达。

（三）空缺对应

由于不同国家在历史、经济、文化和习俗等方面的具体情况各不相同，任何一个民族都存在一些特有的事物，反映这些特殊事物的词汇在另一种语言中往往没有相应的对应词汇，因此必须按照其在源语中所承载的具体意义进行理解和翻译。

例如："trade wind"一词，原指"每年一定时期内必将出现于赤道两边低层大气中的风向"，后来常被用来指"信风"或"贸易风"。众所周知，北半球吹东北风，南半球吹东南风，西方古代商人常常借其往来于各大洲进行贸易，这也是该词被如此翻译的原因。诸如此类的词汇，在汉语中往往很难找到对应的词汇进行表达，大多需要结合其所承载的具体词汇意义，同时运用汉语的构词要素，对其进行理解和翻译。

同样，汉语中也有一些词汇带有民族印迹，其所表示的意义在英语中往往也没有确定的对应词来表达。例如，"夏练三伏，冬练三九"中的"三伏""三九"在英语中都没有对应词汇，这种情况通常需要填补空缺，将其意义表达出来即可，不妨将其译为"keep exercising during the hottest days in summer and the coldest weather in winter"。

（四）交叉对应

任何一种语言中都存在大量一词多义的现象，这类词汇所表示的各种意义，往往与汉语中不同的词汇或词组对应，需要结合上下文才能确定，如若脱离上下文，则无法确切地表达其真正意义。

英语中"feed"一词的基本意义为"give food to"。通常情况下,该词可以与汉语中的"喂养""给……供食"等意思对应,但是当其用于工程技术不同专业时,则可表达"为(机器)提供原料""供水""转播""订阅源"等其他意义。例如,以下例句中"feed"一词的意义因具体语境而各不相同:

① The program is *fed* into the computer.
译文:程序**装入**了计算机。

② When face milling is performed, the table can be moved longitudinally to *feed* the work piece under or below the cutter.
译文:铣削端面时,为了**将**工件**送到**刀具底下或下方,工作台可以纵向移动。

③ A perturbation in pressure at the upstream end of the *feed* system could result in sizable oscillations in flow rate and chamber pressure.
译文:**供应**系统上游端的压力扰动可导致相当的流量和室压振荡。

④ When the galvanizing line is to be put in operation, the circulation pump is started to *feed* medium from circulation tank into rinsing tank and then the medium is sprayed on the strip.
译文:镀锌生产时,循环泵把介质**从**循环槽**泵入**喷淋槽,介质就喷在钢带上。

⑤ It is a satellite *feed* from Washington.
译文:这是来自华盛顿的卫星**转播**。

⑥ Most blogs and news sites offer RSS *feeds* of their latest content.
译文:大多数博客和新闻网站都有他们最新信息的 RSS **订阅源**。

⑦ Gas generator rocket can pressurize a high-pressure *feed* system.
译文:燃气发生器能使高压**输送**系统增压。

⑧ The compressibility of the chamber gases or *feed* line liquids allow for the existence of wave motions.
译文:室内气体或**供应**管道液体的可压缩性使波动现象存在。

再如,"service"除了与汉语中"服务"一词义对应之外,在工程技术英语的不同专业中也有许多其他意义:

⑨ The computer should provide good *service* for years.
译文:这台计算机应该能**用**多年。

⑩ They phoned for *service* on their air conditioning.
译文:他们来电请求对他们的空调进行**维修**。

⑪ The electricity failure paralyzed the train *service*.
译文:电力中断使得列车无法**运行**。

因此,工程技术英语翻译过程中,译者必须重视英汉两种语言在词义方面的诸多差异,务必结合工程英语专业知识来确定某个词汇在某个句子中的确切含义,进而再在汉语中找到确定的对应词来进行表达,切忌望文生义,导致翻译失误。

二、词的搭配方面

长期以来,词汇搭配作为语言构成的主要成分,一直被看做反映语言特点最为重要的语言现象之一,能够为语言提供形象、生动及准确的表达方法。

词汇搭配是否恰当与语言表达的准确性息息相关,任何语言都有自己独特的语音、语义及语法系统,不同语言在语法规则、构词方法、词汇外延以及词汇语体等方面往往也各不相同。因此,尽管英汉两种语言在词汇搭配方面存在一定共性之处,如两种语言都有"形容词+名词"或"名词+名词"的偏正结构、"动词+名词"的述宾结构、"名词+动词"的主谓结构,以及"动词修饰副词"等结构,但是它们在具体的词汇搭配方式和搭配习惯方面却存在诸多差异,不尽相同。

比如,英语中常用"like mushroom"用来形容事物的发展速度之快,汉语中则形容其为"像雨后春笋一般";再如,与英语中的"take medicine"相对应的汉语搭配是"吃药"。其实任何语言中都存在这种词汇结伴关系,即词与词的经常性联合或共现,这就是词汇之间的搭配关系。

(一) 引申意义搭配范围不同

英汉两种语言中词汇的引申意义不同,其搭配范围往往也存在差异,因此翻译时需要格外谨慎对待。例如:

① This manual *provides* organizational relationships, responsibilities, requirements and procedures for aircraft and related support operations aboard CVN ships.

译文:本手册**介绍**了关于飞机和核动力航母(CVN)相关支持操作的组织关系、责任制度、任务要求以及操作程序。

该句主要描述该手册的主要内容。不难看出,英语原文中的动词"provide"的搭配能力很广,后面跟了四个并列的名词作宾语。然而,根据汉语的语言习惯,不同的名词需要与特定的动词进行搭配。由此,"organizational relationships, responsibilities, requirements and procedures"四个不同的宾语则赋予了"provide"与之相对应的不同的搭配意义。但是,汉语中"提供"一词并不能和"关系""责任""要求"及"程序"等词搭配,如若选择四个不同的动词来进行翻译,又未免太过啰唆,因此不妨将"provide"一词的意义进行引申,将其译为"介绍"。

(二) 词汇对应搭配习惯不同

除了词汇引申意义的搭配范围不同以外,英汉词汇在词汇对应的搭配习惯上也存在较大差异,具体体现在形容词与名词搭配不同、动词与名词搭配不同、单位词搭配习惯不同等诸多方面。

英语中的"rancid"对应的汉语意思为"腐败变质的",但是"rancid"一词在英语中一般只被用来形容"foods containing fat or oil",即"多脂肪多油脂的食物",例如我们可以说"The butter has gone rancid.",但是当形容蔬菜、水果等腐烂变质时,则要用"rotten",例如"rotten onion""rotten apple"等。然而,汉语中"腐败变质的"一词则可以和大多数食物名词搭配。

再如,英语中的"embargo"对应汉语中的"禁运",英语中可以用"lay""place"及"put"等动词加上 on,与其进行搭配,而汉语则说"对……实行禁运"。

另外,英汉两种语言在单位词的搭配习惯方面也存在很大差异:英语中单位词相同,汉语中却要用不同的表达方式,反之亦然。例如:英语中"a pair of scissors"对应的汉语意思为"一把剪子",而汉语中的"一片灯火"在英语中对应的表达则是"a blaze of lights"。

总而言之,任何一门语言都十分注重搭配,如果存在语言搭配不当,就会违背语言使用者的语言习惯。因此,译者在从事工程技术英语翻译的过程中,有必要注意词汇搭配的异同,并综合各方面因素对其加以分析和总结,同时积累词汇搭配的习惯用法和特殊用法,遵循不同语言中词汇搭配的自身规律,才能避免在翻译中产生不必要的错误。

三、词的次序方面

"词序"又叫"次序",是指句子中各个成分的排列顺序,由于不同语言的表达方式存在区别,不同语言的转换过程中词序的差异性是普遍存在的。研究表明,无论是英语还是汉语,大多情况下,某个单词或是短语在具体句子中所体现的语法功能往往取决于该单词或短语在句中的位置。

对比英汉两种语言,其构成句子主要成分的词序是基本一致的,即:主语、谓语动词、宾语或表语等,但是两种语言中定语以及状语等修饰成分则有同有异且变化较多,常常会给翻译过程带来诸多困难。因此,人们通常所说的英汉两种语言的词序对比主要指定语和状语位置异同的比较,工程技术英语翻译过程中尤其需要注意用于修饰成分的各类定语和状语的位置,很多时候需要对译文的语序做出一定调整,才能避免语言晦涩难懂,从而使译文更加符合译语的表达习惯和语言规范。

(一) 定语的位置

一般来说,英汉两种语言中两个或两个以上的形容词或名词共同修饰一个中心词时,通常都可以放在中心词之前作前置定语,但是此类前置定语在英汉两种语言中的词序规则却有所不同。例如:

① Urgent and priority change recommendations are changes that cannot be allowed to wait for implement until after the next review conference. These usually involve *safety-to-flight* matters.

译文：紧急和优先更改建议不允许拖到下次审查会议之后执行，此类更改通常涉及**飞机安全**问题。

英语中"matters"之前的复合定语由三个单词构成，是对文中所提及的"紧急优先更改建议"的内容的总体阐述，如果直接按照原文的词序进行翻译，译文无疑会显得佶屈聱牙。此处，必须根据汉语的表达习惯对该复合定语的词序进行适当的调整，将其译为"飞机安全问题"，这样既完整传达了原文的意义，又实现了译文的地道通顺。

此外，英语中单个的形容词或名词等作定语时，通常位于中心词前面，因为修饰习惯往往也有后置的现象，而汉语的定语一般都位于所修饰的名词之前；英语中短语或从句作定语时，一般位于所修饰的名词之后，而汉语则需视习惯而定，有时在前有时在后。一般情况下，如果出现两个以上的并列定语时，英汉两种语言中定语的排列顺序也不尽相同，通常来说，汉语不习惯使用过多定语，英译汉时不宜全部前置，需要根据原文的意思和汉语的表达习惯进行灵活调整。

② a research-oriented base（前置）
译文：以搞科研为重点的基地（前置）

③ at a speed unprecedented（后置）
译文：以空前的速度（前置）

④ particles moving round their atomic nucleus（后置）
译文：环绕原子核运动的粒子（前置）

⑤ the decimal system of counting（后置）
译文：十进制计算法（后置）

⑥ a medium-height, husky and strong young man（前置）
译文：一个小伙子，中等身材，身强力壮

（二）状语的位置

状语通常由副词或相当于副词的其他词类、短语或从句来构成，总体来说，英汉两种语言的状语位置差异较大且不太固定。

英语中，修饰动词、形容词、副词或全句的成分都可以称作状语，一般来说包括时间状语、地点状语、方式状语、程度状语、度量状语、原因状语、目的状语、结果状语、条件状语和让步状语等十种。无论是词汇、短语还是从句做状语时，位置都比较灵活，可以置于句前，也可插入句中，或是放在句末。

然而，汉语中的状语是指位于动词、形容词前，用来修饰和限制动词或形容词的成分，一般置于句首或句中，如若把状语放在谓语动词之后，通常就成为补语，这也是汉语状语区别于英语状语的一个重要特点。因此，工程技术英语翻译时要进行仔细推敲，切不可按照词性一味地译作汉语的状语。

英语中，单一状语修饰形容词或其他状语时，通常放在所修饰的形容词或状语之前；

修饰动词时则一般后置,程度状语则可前可后。然而,汉语中此类状语大多放在所修饰的词之前。例如:

① He will come back *soon*.

译文:他**很快**就回来了。

② The molecules of a gas are moving about extremely fast *in all directions*.

译文:气体的分子非常迅速地**向四面八方**运动着。

③ Novel Coronavirus Pneumonia can develop *rapidly* and may be fatal.

译文:新型冠状病毒性肺炎会**迅速**发病并可能导致死亡。

除了单一状语以外,英汉两种语言中都存在大量短语状语或多个状语并用的现象。英语中短语状语的形式有介宾短语、分词短语和不定式短语等,既可放在所修饰的动词之前,也可放在其后,而汉语大多情况将其置于所修饰的动词之前。例如:

④ He soon fell asleep, *exhausted by the journey*.

译文:**由于旅途劳累**,他很快就睡着了。

⑤ We are working *with enthusiasm*.

译文:我们**热情地**工作。

此外,英语中地点状语通常位于时间状语前面,且地点状语和时间状语的排列一般都是从小到大的顺序;而汉语中则恰好相反,时间状语通常位于地点状语之前,并且按照从大到小的顺序进行排列。例如:

⑥ Novel Coronavirus outbreak *in Wuhan, China in January*, 2020.

译文:新冠病毒疫情**2020 年 1 月爆发于中国武汉**。

除了时间状语和地点状语,如果再加上方式状语的话,英语中的顺序通常为:方式状语、地点状语、时间状语,而汉语则是:时间状语、地点状语、方式状语。例如:

⑦ They discussed the plan *animatedly in the office yesterday afternoon*.

译文:他们**昨天下午在办公室热烈地**讨论了这项计划。

总之,由于两种语言在语言、文化、生活及思维模式等方面存在诸多差异,翻译过程中一定要充分认识两种语言的不同之处,斟酌具体语境对用法的具体要求,才能在正确理解语言的同时把握好翻译。

第二节　工程技术英语词汇特点

工程技术英语是科技英语的重要组成部分，除了具有科技英语共有的特点以外，还具备自身的一些特点。了解并掌握这些特点对于做好工程技术英语翻译有着重要的意义。总体来说，工程技术英语有以下几方面的特点：

一、大量吸收外来词汇

众所周知，和其他科技英语一样，工程技术英语词汇也吸收了大量其他语言中的词汇，原封不动地借用其他语言中的表达方法在工程技术英语专业词汇中同样非常普遍，该类词汇的概念大多比较单一且国际通用，翻译时相对比较容易处理。例如：

silo（西班牙）	导弹发射井
gene（德语）	基因
raster（法国）	光栅
Boeing-737（美国）	波音 737 飞机
sputnik（俄罗斯）	人造卫星
kamikaze（日本）	神风突击机，遥控飞行器

此外，由于词缀的基本词义相对较为稳定、明确，并且附着力很强，词缀构词法在工程技术英语构词中也具有极强的优越性，同时还具有广泛的搭配表意能力，所以很多拉丁语或希腊语中的词素都被用来建构工程技术英语词汇，例如，bio-（生命、生物），thermo-（热），aero-（空气），hydro-（水、氢），-ite（矿物），等等。

二、基于原词衍生新词

工程技术英语词汇中，很大一部分的比例是在原有词汇的基础上衍生而成的，包括赋予旧词新的意义、借助旧词进行合成、缩略构词等等。

赋予旧词新的意义，通常是指那些借自日常用语的普通词汇，但是在工程技术英语领域中被赋予了新的意义，而且此类词汇在不同领域中往往具有不同的意义。例如："derivative"一词在日常生活中表示"派生物"，而在数学中意为"倒数，微商"，在化学中指"衍生物"，在商业中则指"金融衍生工具"。再如："carrier"一词的日常普通含义是"搬运工"或"携带……的人"，但是该词在不同的专业领域中意义却相当丰富，可以理解为以下诸多含义：病毒携带者（医学）、媒体（计算机）、载体（集成电路）、载波（无线电）、载流子（半导体）、刀架（机床）、搬运车（运输）、运输机（航空）、运载火箭（航天）、航空母舰（军事）等。

借助旧词进行合成的情况通常分为两种。一种是直接合成法,即将两个旧词合成一个新词,例如,"waterlock"意为"水闸","videoland"意为"电视业","moonwalk"则指"月球行走",而"cutbank"在地质学领域意为"陡岸"等;另一类是混合合成法,即取其中一个词的一部分,或是各取两个词的一部分进行合成,例如,"webnomics"指"网络经济",而"greentech"则指"绿色技术"等。

另外,缩略构词也是工程技术英语词汇的一个显著特点,在工程技术英语词汇中占有很大的比重,是工程技术英语专业词汇的重要组成部分。一般来说,缩略构词包含以下两类情况:一类是提取单词中的字母构成新词,例如,"lab"来自"laboratory",意为"实验室","fluidics"来自"fluidonics",意为"射流学、流体学"等;另一类则是取所有单词的第一个字母构成,又称首字母缩略词,例如,API(Application Program Interface,应用程序接口)、RIP(Road Improvement Program,道路改造工程)、IPC(Industrial Process Control,工业过程控制)、EDM(Electronic Distance Measuring,电子距离测量)、RPM(Revolutions Per Minute,转数)等。

三、不断创造新生词汇

随着科技与社会的发展,新事物、新现象层出不穷,此类新事物、新现象需要新兴的词语来对其进行描述和阐释,同时新兴学科的出现也必然带来新词汇的不断涌现,因此,此类新生词汇便应运而生。例如:随着克隆技术的出现,有了"clone"(克隆),随着网络的出现,才有了"e-mail"(电子邮件),"cyber-love"(网络恋爱),"vaccine"(抗病毒软件),"internot"(网盲)等诸多新生词汇。

作为专门英语词汇,工程技术英语词汇具有极强的专业性,在保留其基本词义之外,往往还具有工程领域的特定含义;此外,作为一种发展中的词汇体系,工程技术英语也在不断更新发展。因此,译者必须充分了解工程技术英语的词汇特点,这也是确保其翻译过程得以顺利开展的首要环节所在。

第三节　工程技术英语词汇翻译

工程技术英语词汇主要由专业词汇和非专业词汇组成,词汇量庞大且涉及面非常广泛,涉及的领域越专专业词汇就越多,这往往是工程技术英语翻译过程中的重难点所在;此外,正如每时每刻都会有新的科技成果问世一样,工程技术英语中也有大量新生词汇不断涌现。

如本章前言部分所述,虽然句子是翻译过程中基本的操作单位,但是翻译过程中大部分难题都集中在词汇单位。因此,工程技术英语翻译过程中,同样必须首先重视词汇的翻译方法及技巧,因为词义的正确理解和有效传递是句子翻译以及篇章翻译的基础。接下来,本节将主要探讨工程技术英语词汇翻译的一般方法及常见技巧。

一、词义的选择

任何一种语言都存在一词多类和一词多义的现象。"一词多类"指一个词属于几个不同的词类,且意思各不相同;而"一词多义"则指的是一个词属于同一个词类,但往往具有不同的词义。一般来说,词义的选择与确定可以从以下两个方面来着手考虑:

(一) 根据词类确定词义

根据词类确定词义的方法主要针对一些兼类词,这些词汇因在句中所承担的句子成分不同,其词性和词义都会不同。

以"measure"一词为例,试比较该词在以下不同例句中不同的词类及词义:

① The thickness of a tooth *measured* along the pitch circle is one half the circular pitch.

译文:沿节圆所**测得**的齿厚是周节的一半。

显然,该句中的"measured"是及物动词的-ed 形式,后面接介词短语"along the pitch circle",用做后置定语,意思上相当于一个定语从句,该词意思为"ascertain the size, amount or degree of(something)by using an instrument or device marked in standard units or by comparing it with an object of known size",即"测量、度量"。

② The earthquake *measured* 6.5 on the Richter scale.

译文:这次地震震级**为**里氏6.5级。

该句中的主语是表示物体的名词,"measured"此处做不及物动词,与表示数量的词或短语连用,意为"be of(a specified size or degree)",可以理解为"度量结果是、有……(具体尺寸、度)",此处根据上下文可理解成"为"。

③ We must reflect what *measures* to take in case of any accidental collapse of a bed.

译文：我们必须考虑一下如果床层以外崩塌应该采取什么**措施**。

此句中的"measures"从词形上不难判断出是名词复数，做"take"的宾语，意为"a plan or course of action taken to achieve a particular purpose"，即"措施、办法"之意。

再如，"base"一词在以下例句中的意思也各不相同：

④ The lathe should be set on a firm *base*.

译文：车床应该安装在结实的**底座**上。

该句中，"base"显然是名词，做介词"on"的宾语，意为"the lowest part or edge of something，especially the part on which it rests or is supported"，因此可以理解为"基座"或"底座"。

⑤ A transistor has three electrodes，the emitter，the *base* and the collector.

译文：晶体管有三个电极：发射极、**基极**和集电极。

根据上下文，可以初步判断出该句中的"base"是名词，属于 electrode（电极）的一种，经查证后发现，该词具体指的是"the middle part of a bipolar transistor，separating the emitter from the collector"，也就是人们通常所说的"基极"。

⑥ *Base* metals and gold are often found in association with magnetic minerals.

译文：某些**贱**金属以及金常常与磁性矿物一起被发现。

显然，"base"在该句中做定语，修饰"metals"，结合上下文不难发现这里的"base metals"与"gold"是相对而言的。因此，本句中的"base"具体意思为"（of coins or other materials）not made of precious metal"，即"（硬币或其他物体）掺杂贱金属的、成色低的"。

因此，要判断某一个词的正确词义，首先要根据其在句中所承担的句子成分确定其所属的词类，进而再根据上下文进一步选择和确定其词义。

（二）根据语境确定词义

工程技术英语中，即便是属于同一词类的同一个词，在不同场合中往往也会有不同的含义，往往要求翻译工作者结合具体的上下文或搭配关系来做出进一步判断，根据具体情况来确定某个单词在某个特定场合里的具体词义。

以动词"develop"为例，该词在科技类文章中使用频率极高，译法也非常灵活，译者不能一味地将其译为"研制、发展、设计"等常见含义，需要结合上下文具体语境，反复揣摩之后再做出正确的判断和选择，例如：

① Shorts frequently *develop* when insulation is worn.

译文:绝缘材料磨损时往往会**发生**短路。

② Some people *develop* skin rashes when they take sulfas.

译文:有些人服用磺胺药物会**出现**皮疹。

③ It is a motor that *develops* 100 horse power.

译文:这是台一百匹马力的发动机。(省去不译)

显然,上述例句中的"develop"都是动词,但是通过仔细推敲其具体上下文和搭配关系,我们不难发现该词在不同句子中的具体词义还是有所差别的,分别可以理解为:"a problem or difficulty begins to occur""become affected by an illness""possess"。

再以"condition"为例,请看以下例句:

④ The wiring is in good *condition*.

译文:线路**情况**良好。

显然,该句中的"condition"是不可数名词,意为"the state of something, especially with regard to its appearance, quality, or working order",因此将其译为"情况"。

⑤ The frequency with which the filter should be removed, inspected, and cleaned will be determined primarily by aircraft operating *conditions*.

译文:过滤器拆卸、检查及清洗的次数主要取决于飞机的运行**状况**。

与前一例句不同的是,此句中的"conditions"是复数形式,可以理解成"the conditions under which something is done or happens are all the factors or circumstances which directly affect it",因此将其理解为"状况"。

⑥ The results of a biopsy indicate a rare nonmalignant *condition*.

译文:活组织检查结果表明这是一个罕见的良性**病例**。

该句中的"condition"前有修饰语"rare"和"nonmalignant",用来限制或增加中心词"condition"的语意,具体指"an illness or other medical problem",又如,"a heart condition"等等。

从以上例句看出,工程技术英语的翻译过程中,选出最为确切的词义,尤其是关键词的词义既是正确理解原文的基础,又是翻译成功的基础。

二、词义的引申

如前所述,英、汉两种语言在词汇上存在诸多差异,工程技术英语翻译过程中难免遇到一些英语词汇在汉语中没有合适的对应词,即便是借助字典等工具书也无法获得直接、恰当、准确的解释,倘若生搬硬套或是逐词死译,势必让人觉得译文牵强附会、晦涩难懂。

遇到这种情况,译者不妨从英语词汇的基本词义出发,综合考虑上下文、逻辑关系、搭配习惯以及所涉及的专业知识等诸多情况,进而根据汉语的表达习惯对其进行适当引申,多加斟酌之后选择较为恰当的汉语词汇来进行翻译,确保译文明朗流畅。

引申通常分为两种:一种是将抽象的意义具体化;另一种则是将具体的意义抽象化。

(一) 具体化引申

工程技术英语中经常出现较为概括、笼统的词汇,其中有些词汇是抽象的概念或属性,还有些词汇在特定的上下文中被赋予了更为具体的专业含义。为了避免译文概念不清、违背汉语表达习惯等情况出现,翻译时一般需要对此类表达进行具体化引申。例如:

① The data types of arrays and records are *native* to many programming languages.

译文:数组和记录在大多数高级语言中都是**固有数据类型**的。

众所周知,形容词"native"常见的搭配有"native country"(祖国)、"native New Yorker"(土生土长的纽约人)、"native dance"(当地的舞蹈)、"native pinewoods"(原产松林)、"native wit"(天生机智)等,往往强调一种"归属感"或是表达"某种与生俱来的品质"等。因此,此处结合上下文,将该词的意思从抽象的"固有的"具体引申为"固有数据类型"。

② Alloys belong to a *halfway house* between mixture and compounds.

译文:合金是介于混合物和化合物的**中间物质**。

该句中的"halfway house"通常意为"the halfway point in a progression",即"中间点"。显然,此处不能如此死译,结合上下文不难发现,这里是对合金性质的界定,该句中的"mixture"和"compounds"分别指两种不同的物质形态,因此,可以将其引申翻译为"中间物质"。

③ Ideal voltage and current sources are active circuit elements,while resistances and conductors are *passive elements*.

译文:理想电压和电流源是**有源元件**,而电阻和电导是**无源元件**。

显然,通过连词"while",不难看出本句中的"active"和"passive"是修饰"circuit elements"的一组对应词汇。众所周知,该组词汇的基本词义大多与"积极的/消极的""主动的/被动的"等相关。但是,该句涉及的是电子电路领域,因此务必结合电学相关的基础知识对其基本词义进行专业化引申,不难理解出该句中的"active"意为"(of an electric circuit)capable of modifying its state or characteristics automatically in response to input or feedback",即"(电路)主动感应的";同理,"passive"则指"(of a circuit or device) containing no source of electromotive force",即"(电路,装置)无源的",故分别将其翻译成"有源元件"和"无源元件"。

(二) 抽象化引申

与具体化引申相似,工程技术英语翻译过程中同样会发现英语常常用一个具体形象的词汇来表示某种事物、概念或属性，这种情况下，一般可以对其进行抽象化引申，使得译文更加流畅自然。例如：

① At present oil is the most common *food* of an electric plant.

译文：目前，油是电厂最为常用的**能源**。

"food"一词在英文中的含义往往比较具体、形象，泛指一切人或动物食用的食物；但是，该句中明显不需要强调其所指的具体名称。因此，不妨将"food"这个具体的事物引申译成其所代表的概念的词，即"能源"。

② Application of laser in medicine is still in its *infancy*.

译文：激光在医学领域的应用仍处于**发展初期**。

该句中的"infancy"具体指"the state or period of early childhood or babyhood"，即人们通常所说的"幼年、婴儿期"，显然此处不能如此硬译，而是抽象化译出"infancy"所体现的概念："the early stage in the development or growth of something"，即"发展初期"。

③ The device will do most of *things* in word processor.

译文：该设备能在文字处理过程中起到主要**作用**。

"thing"一词在英文中的基本词义为"an object，feature，or event that one need not，cannot，or does not wish to give a specific name to"，通常将其翻译为"东西、事情、物"等。然而，本句并非强调其所指的具体名称，用其复数意义是为了"to increase the range of what the author is referring to"，因此，可以结合上下文将其翻译成较为概括的词，即"作用"。

某种意义上来说，引申是翻译表达过程中的一种再创造，主要目的是为了使译文更加流畅、通顺，符合译语语言规范。引申一定要以原文词汇的基本词义为基准，切忌脱离原文，并且引申后的词义与其基本词义应该相互关联。

三、词类的转换

众所周知，由于英汉两种语言在语言结构、表达方式、思维方式等方面存在诸多差异，工程技术英语翻译时往往无法逐词对译，此时不一定将原文中的某一词类译成汉语中对应的词类，而是可以对其进行适当的词类转换，即改变原文中某些词语的词类或句子成分，会更为有效地翻译出原文的准确意思。

词类转换旨在避免死译或硬译，必须以确保英语原文意思不变为前提，充分考虑汉语表达的习惯和需要，保证译文忠于原文并合乎汉语表达规范，从而顺利实现交际目的。

词类转换的情况归纳起来，通常有以下几种：

（一）转译为动词

相对而言，英语中的词类能充当的句子成分较少，充当不同句子成分时往往需要改变词类;而汉语充当不同句子成分时往往并不需要改变词类。英语句子中往往只有一个谓语动词,与其不同的是,汉语句子中的动词数量不受限制,几个动词或动词性结构一起连用的情况非常普遍。因此,在工程技术英语翻译的过程中,往往需要将英语中的各种词类转换成汉语的动词。例如:

① Television is the *transmission* and *reception* of images moving objects by radio waves.

译文:电视机通过无线电**发送**和**接收**活动物体的图像。

英语中有很多由动词派生而成的名词,例如该句中的"transmission"和"reception",如果不改变其词性,译文无疑会佶屈聱牙,不妨将其转译为汉语中的动词,使译文通顺,同时也符合汉语动词使用频率高的表达习惯。

② These depressing pumps ensure contamination-free *transfer* of abrasive and aggressive fluids such as acids, dyes and alcohol among others.

译文:在**输送**酸、燃料、醇以及其他摩擦力大、腐蚀性强的流体时,这类压缩泵能够保证输送无污染。

英语中有很多动作意义较强的名词、动名词或是由动词词根+er(或 or)构成的名词,翻译时往往也需要将此类词汇转译为汉语的动词,如将本句中的"transfer"翻译成"输送"。

③ The shadow cast by an object is long or short *according as* the sun is *high up* in the heaven or *near* the horizon.

译文:物体投影的长短**取决**于太阳是**高挂**天空还是**靠近**地平线。

英语原文中的谓语动词只有"is"一个词,其他用的是副词短语"according as"、形容词短语"high up"和介词"near"表示动词意义,英语中有很多副词和介词在古英语中都曾是动词,尤其是当它们在原文中充当表语或状语时,遇到这种情况时也往往可以将其转译成汉语的动词,因此,此处结合上下文分别将上述词汇翻译为"取决""高挂"和"靠近"等动词。

(二) 转译为名词

同样,英语中很多动词、代词和形容词,在工程技术英语翻译的过程中也可以转换成汉语的名词。例如:

① The instrument is *characterized* by its compactness and portability.

译文:该仪器的**特点**是结构紧凑、携带方便。

很多时候,为了使译文更符合汉语的表达习惯,遇到英语中由名词派生的动词、由名词转用的动词或被动式中的动词时,往往将其翻译成汉语中的名词,或是"受到(遭到)……+名词""予以(加以)……+名词"等结构,如将本句中的动词"characterized"翻译为"特点"。

② Experiment indicates that the new chip is about 1.5 times as *integrative* as that of the old ones.

译文：实验表明，新型芯片的**集成度**是原来型号的 1.5 倍。

工程技术英语中，当形容词作表语、主语、补足语或其他成分时，往往可以将其翻译成汉语的名词。

③ Let us plot the electronic energy level *vertically* and assumed atomic spacing *horizontally*.

译文：设**纵坐标**为电子能级，**横坐标**为假想的原子间距。

除了动词、代词以及形容词可以转译为名词以外，有时介词、副词甚至连词也可以转译为汉语的名词，如本句中的"vertically"和"horizontally"分别指"垂直方向"和"水平方向"，不妨将其转译为名词"纵坐标"和"横坐标"。

（三）转译为形容词

相对而言，工程技术英语翻译过程中，转译成动词和名词的现象更为常见，但是除此之外，也不乏转译成形容词的情况。例如：

① Single crystals of high perfection are of great *importance*.

译文：高纯度的单晶是非常**重要的**。

工程技术英语翻译工程中，经常遇到由形容词派生而来的名词，用来表达事物的性质，这类词汇本身就具有形容词的性质，翻译时可以将其转译为汉语的形容词，如本句中的"importance"，再如"necessity""difficulties""stability"以及"variety"等等。

② This *apparently* simple function of the transformer makes it as vital to modern industry as the gear train.

译文：变压器的这种**显而易见的**基本功能使其与齿轮装置一样，对现代工业至关重要。

通常来说，英语中修饰形容词的副词往往也可以转译成汉语的形容词，如本句中的"apparently"。

③ Variation is common to all plants whether they reproduce *asexually* or *sexually*.

译文：变异对所有的植物，无论是**无性繁殖**，还是**有性繁殖**都是常见的。

当英语中的某个动词转译为汉语的名词时，如本句中"reproduce"转译为名词"繁殖"，这种情况下，修饰该动词的副词往往可以随之转译为汉语的形容词，例如"asexually"和"sexually"分别转译为形容词"无性的"和"有性的"。再如，"be chiefly characterized by …"可以翻译成"主要特点是……"，"… is widely used"可以翻译成"……得到广泛应用"等。

（四）转译为副词

工程技术英语翻译的过程中，英语中的形容词、动词以及名词都可以转译成汉语的副词。例如：

① Water is in *continuous* expansion instead of *continuous* contraction.
译文：水在**不断地**膨胀，而不是**不断地**收缩。

通常情况下，英语中能够转译成汉语副词的主要是形容词，其中最为常见的一种情况就是，当形容词所修饰的名词转译为动词时，需要相应地将修饰该名词的形容词转译为副词，如本句中的"continuous"转译为"不断地"。

② Rapid evaporation *tends* to make the steam wet.
译文：快速蒸发**往往**会加大蒸汽的湿度。

当英语句子中的谓语动词后接的不定式短语或分词结构转译成汉语的动词时，该谓语结构往往就相应地转译成汉语的副词，如本句中的"tend to"转译成"往往"，表达"regularly or frequently behave in a particular way or have a certain characteristic"之意。

③ He had the *fortune* to witness the profound change.
译文：他**幸运地**见证了深刻的变化。

英语中有一些名词本身就具备副词含义，翻译时可以转译为副词，如将本句中的"had the fortune to ... "翻译成"幸运地"，再如"have the kindness to ... "可以翻译成"好意地"，"have the honor to ... "可以翻译成"荣幸地"，等等。

从以上的例句中我们可以看出，翻译实践过程中在不同词类之间进行转译，非常普遍且形式多样。众所周知，各类词汇都具有其自身的语法功能，进行词类转译时，其语法功能往往也会随之变化，某种词类能否转译为其他词类，会因具体的处理方法不同而不同。无论如何转译，都必须在忠实原文的前提下，充分考虑不同译语的表达习惯进行灵活应用，才能使译文更好地传达原文的思想内容，同时更符合译语的表达习惯。

四、增译法

严格说来，译者不能对原文内容随意做出增减，这是翻译的普遍准则，但在翻译实践中，译者往往需要增加一些词才能更为忠实通顺地表达原文的意思与风格，这些增加的内容不是随意为之，而是原文中有虽无其词但有其意的词，这种翻译方法就是增译法。

工程技术英语翻译过程中，增译主要包括语义性增译和结构性增译两种。

（一）语义性增译

工程技术英语翻译过程中，常常需要根据原文的需要适当增加动词、名词、形容词、副词、量词、范畴词、概括词以及表示名词复数、动词时态等方面的词，以使译文语义更加明确、表达更加通顺，这就是语义性增译。现结合以下例句进行简单介绍：

① These differences are *due to* the differences in flows of energy and matter.

译文：这些差异是由于物质和能量流动速率的差别**造成**的。

翻译过程中根据意义上的需要，往往需要在名词前后增加动词，如本句增加了原文中虽无其词但有其意的动词"造成"，使译文意思更为明确，读起来也更为通顺自然，符合汉语表达习惯，如果去掉增译的动词，反而会使读者感到句子意思含糊不清，难以理解。

② The new kind of computer—*small*, *cheap*, *fine*—is attracting increasing attention.

译文：这种新型的计算机越来越引起人们的注意——这种计算机**体积**小、**价格**低、**性能**优。

在该句的翻译过程中，译者对原文进行了一定的增译处理。英文中某些词的意义有时是隐含在其基本词义当中的，翻译时如果不将其表达清楚，便无法准确地表达句意。因此，根据原文要表达的语义，在形容词"small""cheap"和"fine"之前分别增译了名词"体积""价格"和"性能"，使译文表达更为明确。

③ *Oxidation* will make ground-wire of lighting arrester rusty.

译文：氧化**作用**会使避雷装置的接地线生锈。

英语中有很多由动词或形容词派生而来的抽象名词，这些词如果直译，往往无法给人提供具体明确的含义，翻译时可以根据上下文增添适当的措辞，如本句中的"作用"，再如"过程""效应""现象""方法""装置""设计""强度""性"等，在工程技术英语翻译中都非常常见。

④ When the *ends* of a copper wire are joined to a device called an electric cell, a steady stream of electricity flows through the wire.

译文：当一根铜线的**两端**连接到一种叫作电池的电器上时，就会有稳定的电流流过该铜线。

英语中名词的复数意义一般通过其复数形式表示，而汉语中名词的复数没有词形变化，往往通过增加重叠词、数词或其他一些词的方式来表示复数意义，例如"若干""各种""大量""一些""许多"，以及本句中的"两端"等。

⑤ If the resistance of the circuit is high，the current *will* decrease rapidly，but a high induced e. m. f will result.

译文：如果电路的电阻高，电流**就会**迅速减少，但将产生强的感应电动势。

英语中时态变化丰富，通过动词词形的变化来体现，而汉语则是通过增加表示时态的助词或副词来实现。因此，在工程技术英语翻译的过程中，往往需要增译"正在""不断"

"着"等来表示进行时态;增译"将""会""便""即将"等来体现将来时态;增译"曾经""当时""以前""过去"等体现过去时;用"已经""历来""了"等来翻译英语的完成时态。

⑥ The vapour pressure changes with the temperature, the pressure, and the kind of liquid.

译文:蒸汽压力随温度、压力和液体类型**三种因素**的变化而变化。

英语在列举事实时很少用概括性的词语,在分述事物时也很少用分述性词语。然而,汉语却恰恰相反,比如汉语常用"等等""种种""三者之间"及此句中的"三种因素"类似的概括性词语对所罗列的事物进行总结概括。因此,在进行工程技术英语翻译时,需要根据情况增译一些概括性或分述性词汇,使得译文更加清晰明了。

(二)结构性增译

省略是英语的一个重要特点,翻译时往往需要按照句法上的需要补充译出英文中省略的各种成分,才能确保译文意思完整,这种按照句法需要而增词的翻译方法就是结构性增译。

结构性增译的具体情形较为多样,工程技术英语翻译时需要增译的内容主要包括,为避免重复而省略的成分,因为语法规则而省略的成分,以及表示原因、条件、让步、目的等各种逻辑关系成分等。例如:

① Water is the same substance whether in solid, liquid, or gaseous state.

译文:不论**水**处于固态、液态或气态,它都是同一种物质。

原文全句补充完整应该是"Water is the same substance whether (it is) in solid, liquid, or gaseous state."英语最忌讳重复,因此前面出现过的"water"在后面不再出现,但是在翻译成汉语时往往需要将其增译出来,才能使汉语语句更为完整。

② It is natural that we prove the theorem first.

译文:自然,我们**应**首先证明这条定理。

该句是典型的虚拟语气结构"It is/was+形容词+that 从句",从句中用 should 结构,且 should 可以省略,这类形容词常见的有 natural,advisable, crucial, essential, fitting, recommended, urgent, vital 等。因此,本句完整的表达应该是"It is natural that we (should) prove the theorem first."。翻译成汉语时需要将省略的成分补上,否则意思就不完整。

③ Being a good conductor, copper is generally used to conduct electricity.

译文:**由于**铜是一种导体,因此一般用来导电。

该句中"being a good conductor"的现在分词结构在句中作状语,表示原因,相当于一个原因状语从句,即"Since copper is a good conductor, copper is generally used to conduct electricity."。在翻译成汉语时,需要将原文省略的逻辑性语法关系增译出来,故增译"由于"。

增译法是最为常用的翻译技巧之一，其概念宽泛且涉及面广。在工程技术英语翻译过程中，无论根据什么原则进行增译，译者首先都要理解原句的内容与结构，同时结合专业技术术语的表达规范，用符合汉语表达习惯的语言完整、准确、流畅地将原文意思翻译出来。

增译不能随意增加可能改变原文语义的词语，而是应该根据译语的表达需要、语法规则及语言习惯等，在不改变原文意义和逻辑关系的前提下，适当增加原文中无其词而有其义的一些词语，目的在于既能忠实地表达原文的意思与风格，又能更符合译文的表达习惯和语法规则。

五、省译法

所谓"有增必有减"，翻译亦是如此。省译法也是一种非常重要的翻译技巧，与增译法相对，以同一个译例来说，英译汉时如果用增译法，汉译英时往往就要用省译法。

省译法是指将原文中的某些词省去不译。正如不能随意增译一样，译者同样不能随意删减原文的意思，而是省去英文原文中那些可有可无的词、不言而喻的词、翻译出来反而显得多余累赘的词或是违背译文表达习惯的词等等，从而使得译文能够更加通顺、准确地表达出原文的意思，同时也使得译文更加符合汉语的表达习惯和修辞特点。

一般说来，工程技术英语翻译中常见的省译情形，有的是出于句法需要，有的则是出于修辞需要。

(一) 句法性省译

英汉两种语言在遣词造句方面存在诸多差异。出于句法上的需要，英语中经常使用冠词、连词、代词和介词等，而这些词在汉语中的出现频率相对较低，翻译时往往省去不译，会使译文更加地道；此外，除了省略句以外，英语中的各类句型都必须有谓语动词，而翻译成汉语时，某些行为动词或系动词也可以省去不译。例如：

① *The* atom is the smallest particle of *an* element.

译文：原子是元素的最小粒子。

冠词是英语有而汉语没有的词类，通常和名词连用，表示某个或某些特定的人或东西，本身并没有独立的词汇意义，现代英语中的冠词仅仅起到一种指示范围的作用，翻译成汉语时多数情况下可以省略。正如本例句中的定冠词"the"和不定冠词"an"都表示一种类别概念，其意义非常虚泛，故可以省去不译。

必须指出的是，当不定冠词"a/an"在某些场合表示"一"的含义时，不能省译，例如，"He left without saying a word"应该译成"他一句话不说就走了"。

② Practically all substances expand *when* heated *and* contract when cooled.

译文：几乎所有物质都热胀冷缩。

英语句子中的连词，包括并列连词和从属连词，使用频率都很高。汉语则不然，其上下文逻辑关系常常是暗含的，往往通过词序来体现。因此，本句中的引导状语从句的从属连词"when"和并列连词"and"都可以省去不译。

③ One material can be distinguished from another by *their* physical properties.

译文:根据物理性质,就可以把一种材料与另一种材料区分开来。

英语的句法要求指代关系明确,例如具体事物的名词都应有限定词,当某物由某人或某物所有时,需要使用物主代词,而汉语则没有这种表达习惯,故本句中的"their"可以省去不译,其所属关系反而更为明确。

除了物主代词可以省去不译之外,工程技术英语翻译中还有很多其他情形可以省译代词:英语中的人称代词或不定代词表示泛指意义时,可以省去不译;反身代词作宾语或同位语时,可以省去不译;代词 it 作形式主语或形式宾语时,可以省去不译;此外,强调句型中的代词 it 或表示非人称意义的 it,都可以省去不译。

④ Decreasing the initial mineral particle size gives rise to an increase *in* the surface area *for* leaching with a corresponding increase in the copper leached.

译文:矿物初始粒度的减小,导致浸出表面的增大和铜的浸出率相应提高。

大量使用介词是英语的显著特点之一,其词与词之间的关系大都用介词表示,而汉语往往通过语序和逻辑关系体现词汇之间的关系。

工程技术英语翻译中介词的译法相对比较复杂,有时可以省去不译,有时可以将其译成汉语的动宾词组、介词词组、定语或状语词组等。本句对介词短语中的介词"in"和"for"进行了省译,此外,还有很多其他介词也可以省去不译,如表示时间或地点的介词,"in""on""at"或"for"等。

⑤ Lubricants of low viscosity also *exhibit* a low temperature dependence of viscosity.

译文:低黏度润滑剂的黏度对温度的依赖性也低。

通常情况下,翻译过程中动词一般不能省略不译。但是,正如前文所述,英语中除了省略句,所有类型的句子都必须由动词来做谓语,与此不同的是,汉语中除了动词以外,形容词、名词或词组都可以充当谓语,原文中的动词"exhibit"省去不译,翻译成汉语的主题结构,体现汉语句子中主语和谓语之间的语法意义。

⑥ *There is* always some loss when a motor *is* working.

译文:电动机运行时总有一定损耗。

表存在的"there be"结构是英语所特有的句型,在工程技术英语中更是非常普遍,其翻译方法有很多种,其中最为常见的就是将该结构的基本意义省去不译。此外,该句中还省译了系动词"is",因为当系动词后接形容词或名词短语作表语时,该系动词可以省去不译,再如"become"和"get"。

（二）修辞性省译

毫无疑问,修辞性省译是从译文的修辞角度考虑的,省略英文原文中虽有其词却无其意的词,以及为了语气关系而多加的副词或连词,具体如下:

① The mechanical energy can be changed into electrical energy by means of *generator* or *dynamo*.

译文:用发电机能把机械能转变成电能。

英语中往往会连用同义词,或者是对前面的词提供解释,以示强调。为了使译文简洁,工程技术英语翻译遇到这种情况时,往往采用省译法以避免重复,译出其中一个即可,例如将本句中的"generator"和"dynamo"合并翻译成"发电机"。

② The uses are based on the *fact* that silicon is semi-conductor of electricity.

译文:这些用途是以硅为半导体作依据的。

此处根据汉语的表达习惯,原文中"fact"的意思不言而喻,故将其省去不译。试想如果将本句硬译成"……以……事实作依据",势必显得累赘,省译之后无损原文含义,反而觉得更为自然。

③ The machine broke down, so you'd better find someone to put it right.

译文:机器坏了,你最好找人把它修好。

有时为了强调某种语气关系,英文中时常会增加一些副词或连词,汉译时可以将其省略,例如本句中的"so"。

需要指出的是,修辞性省译的情形更多出现在文学翻译中,在工程技术英语翻译过程中相对较少,故在此不展开讨论。

通过上述例句,我们不难发现,有时如果将原文中的某些词硬译出来,反而会使译文晦涩难懂;省去不译,译文反而更加通顺、准确。但是必须强调的是,省译法不能随意删节原文的某些词句,更不能删减原文的任何思想内容。翻译过程中一定要确保译文符合语义、结构及修辞等方面的需要,保证省译后的译文既不影响原文的思想内容,又简明流畅、合乎译语的语言规范和表达习惯。

从语言学角度来说,词汇是在一定语境下能够独立运用的、最小的、有意义的语言单位,既是语句的基本结构单位,也是语言的建筑材料,进行工程技术英语翻译及其相关研究,也得从词汇这个最小的语言单位做起。

一般来说,工程技术英语词汇翻译要求准确理解原文中的专业词汇及非专业词汇,求"信"求"准",切勿望文生义;同时还要求工程技术英语翻译工作者具备一定的专业基础知识,对所翻译的英语文献资料能够有较为全面的了解,进而还要能够充分结合工程技术英语表达规范的相关要求,兼顾翻译的准确性和专业性,否则就会影响相关的学术交流以及相关工程项目的开展与实施。

一、工程技术英语专业词汇和非专业词汇翻译有哪些技巧？请举例说明。

二、请将下面工程技术英语词汇翻译成汉语。

1. non-ferrous metal

2. cast steel

3. centrifugal force

4. pour concrete

5. acoustic shield

6. suspended particles

7. activated carbon

8. foreign matter

9. bio degradation capacity

10. shearing force wall

11. anti fouling agent

12. biomass concentration

13. building density

14. cement additive

15. compressor house

16. concrete block

17. timber structure

18. die casting

19. electric drill

20. extraction hood

21. industrial discharge

22. refined product

23. road miller

24. sewage treatment

25. sewage flow

26. soil conditioner

27. waterproof layer

28. sludge treatment

29. plain sedimentation   30. pre-stressed concrete

_____   _____

三、请把下列句子译成中文，注意斜体词汇的译法。

1. Don't put the bottle on the *test* bed.

_____

2. Thus the number of ions builds up very rapidly and a *disruptive discharge*，or spark，occurs.

_____

3. More than 100 chemical *elements* are known to man; of these，about 80 are metals.

_____

4. These *elements* seem to be working well under high voltage.

_____

5. From *the moon* light take little more than a second and a quarter in reaching us，so that we obtain sufficiently early information of the condition of *our satellite*.

_____

6. The square on *the longest side* of any right angled triangle is equal to the squares on *the other sides* added together.

_____

7. For *generations* coal and oil have been regarded as the chief energy sources used to *transport men from place to place*.

_____

8. Semiconductor devices have no *filament* or *heaters* and therefore require no heating power or warmed-up time.

_____

9. Many people would rather have *gas* to knock them out before they have their teeth out.

_____

10. Butterflies have thin *antennae*（or"feelers"）with tips like little knobs，while moths have feathery or threadlike antennae.

_____

11. Modern theories of the development of *stars* suggest that almost every star has some sort of family or planets.

_____

12. *Acupuncture* is the placing of hair-thin needles into the skins at special points of the body to ease pain and treat ailments.

13. The *eye* is actually about the size of a table-tennis ball. Much of it lies within the skull. The front portion of the eye is made up of three parts— the cornea, the iris and the pupil. It is protected by the eyelid and eyelashes.

14. The global satellite phone *service* has opened for business, giving people the power to make and receive call anywhere from Mount Qomolangma to the Dead Sea.

15. Cloning techniques vary from simple plant *cuttings* to the replication of adult animals from their genetic material.

第五章

否定句的翻译

✓参考答案
✓学术探讨
✓拓展资源

□ 英汉中否定的含义及主要功能是什么？

□ 英汉否定结构有哪些差异？有哪些具体的表现形式？

□ 工程技术英语否定句常用的翻译方法有哪些？

在工程技术英语中，否定形式的表达多种多样，例如否定词、否定词缀、准否定词、否定句等，其中，否定句是最为常见的表达方式，按照其不同的形式和意义，可以分为下列几种：general negation（一般否定）、special negation（特指否定）、double negation（双重否定）、repeated negation（重复否定）、resumptive negation（重续否定）、partial and absolute negation（部分和全部否定）、pleonastic negation（多余否定）、paratactic negation（并立否定）、semi-negation（半否定）、excluded negation（排除否定）等。由于各民族的文化背景、思维方式的差异，不同民族在否定概念的表达上也存在着很大的差异。工程技术英语中否定句式繁多，表现形式多种多样，有些句子形式上肯定的，但是内容上是否定的；有的形式上是否定的，而实质上是肯定的。在否定句中，除借助词汇手段外，还借助句子结构和特殊表达方式来表达诸如全部否定、部分否定、双重否定、形式否定、意义否定等概念。

因此，在涉及翻译工程技术英语否定形式的句子时要认真、准确地判断否定词否定的范围和重点，进行逻辑分析，不能在形式上照搬英语的结构，必须了解英汉否定的表达方法差异，采取不同的译法，力争使译文和原文意义相符、功能相似，除此以外，还要注意到相关背景文化与文体色彩等细微之处。本章将从以下几个部分来探讨工程技术英语中否定句的奥妙。

第一节 汉、英否定概念的不同表达

在关于否定概念的表达上,汉语和英语差异很大,整体而言英语比汉语来得更为丰富、复杂。从否定形式来看,汉语里的否定概念主要通过否定词的手段来实现否定效果,而英语则是词和句子的手段并用;从否定结构来看,英语在词素、词语及句子结构等方面均比汉语复杂。这些差异给英汉翻译,尤其是工程技术英语翻译带来很大的挑战,也是值得我们去探讨的地方。

一、否定的含义

(一) 汉语中否定的含义

关于汉语中"否定"的含义,语言学界对此争议很大。部分语言学家认为:否定含义的表达,必须有否定词语或者否定词素等明显的否定标记,例如,不、非、否等。但是也有部分语言学家坚持认为:汉语中的某个词语的反义词也属于否定含义。例如,"熟"的含义与"生"的含义相对,"活着"的含义与"死亡"相对,人们通常把"熟"理解成"生"的否定含义,认为"死亡"是"活着"的否定含义。这里所探讨的"活着"相对于"死亡"来讲,虽然词汇本身并不带一般或者习惯意义上的否定词语或者否定词素,但从通俗意义的理解上来说,一样具有否定含义。关于"否定"的含义的界定,语言学界还有一种"负概念"的提法,"负概念"指用于反映对象不具有某种属性的概念。与负概念相关的研究可追溯到亚里士多德时期,亚里士多德认为,把"不""非"加到一个词上,使其具有否定的意义,这种具有否定意义的词叫负概念词,例如,"不正义""非人"等。张继平曾经在《论汉语中的否定概念》指出:否定概念,其语言形式一定是以否定语素打头。但是,带有"无""不""非"等字样的语词所表述的含义不一定就是否定的含义,某些特殊的词语,例如,"无产阶级""不丹""非洲"等,虽然带有"无""不""非"的字样,但其根本不表否定意义。因此,可以得出结论:某个语词即使前面带有表示否定的语素,不一定是否定含义。带否定语素是成为否定含义的必要条件,而不是充要条件。一般说来,汉语中"否定"的含义一般要注意以下几点:

(1) 排除不带否定语素的反义词和带上"无""不""非"等字样却不表否定的语词,汉语中的否定概念在语言形式上一般都要以"无""不""非"等否定语素打头。即"黑色"的概念对"白色"的概念,这种情况就不是否定的概念;同样,"无产阶级""不丹""非洲"也不是否定的概念。

(2) 否定含义一定要有相对的肯定语言形式——这种肯定语言形式不能理解为去掉否定语素后的语词;如若没有,便不是否定含义。这一点把汉语中只有否定语言形式的语词排除在外。例如,"无烟煤"中如果去掉"无","烟煤"也是煤的一种,只不过相对于"无烟煤"煤化程度少,烟多,这里的"无烟煤"就能说明否定的概念。而"无产阶级"则不能说明否定含义。

(3) 否定含义的内涵一定是反应不具有某种属性的;如反映具有某种属性的,则不是否定概念。例如,"无花果"是一种不开花就结果实的植物,说明了它的特殊属性,因此可以说明否定的含义。

(4) 否定含义一定要和与之相对的肯定含义成为矛盾关系,如果是对立关系,则必然不是否定含义。例如,"不好"和"好","有罪"和"无罪"都是纯粹对立的关系,而不是矛盾关系。

以上几点在界定是否为否定概念时缺一不可,用一句话来概述:否定含义是反映不具有某种属性的对象概念,在汉语中,其语言形式一定要以"无""不""非"等否定语素打头,且同相对的肯定语言形式所表示的概念构成矛盾关系,才能被称作否定。

(二) 英语中否定的含义

在我们日常的学习交际中,否定是一种常见的语法形式。正确理解否定的含义、熟练运用各种否定形式是能够有效应用英语的基础。日常交际中有多种表达否定含义的方法,在我们平常的表达中,有多种表达否定含义的手段和方法,其中最为常见的是用否定形式来表达否定含义。此外,在特定的语言环境下,否定含义还可以用肯定句、疑问句等其他手段来表达。

1. 用否定词缀表达否定含义

英语中表达否定的词缀数量很多,否定词缀分前缀和后缀。常见的否定前缀有:un-,non-, dis-, mis-, in- (im-/il-/ir-), anti-, under-, counter-等,这些词缀通常加在形容词、名词或动词的前面。例如:unhappy, unfair, dislike, disadvantage, mistrust, misfortune, informal, antibiotics, undermanned, counterattack 等。英语中常用的否定后缀也有很多,例如:-less, -free, -proof 等,这些否定后缀往往被加在名词或动词词尾。例如:helpless, homeless, salt free, bulletproof 等。

2. 某些词或词组表达否定含义

英语中有很多词或词组可以表达否定含义,例如:neglect, shortage, absence, lack, failure, ignorance, difference 等名词;miss, fail, hate, ignore, lack, lose, avoid, cancel, deny, deprive, escape, forbid, miss, refuse, stop 等动词;keep off, prevent ... from 等动词词组;hard, wrong, empty, last, absent, bad, bare, poor 等形容词;be free from, be short of, be clear of, be far from 等形容词词组;还有很多介词,例如:off, without, away, beneath, above, beyond, against, past 等,instead of, but for, out of 等介词短语,以及 till,before,unless,but 等连词。

3. 某些句型或结构表达否定含义

英语中用来表示否定含义的句型或结构很多,常见的有:"too ... to ... "(太……,以至于不……),"the more ... the less ... "(越……,越不……),"more ... than ... "(与其说……,倒不如说……),"more than"(不仅仅,超出……),"less+形容词或副词原级+

than"（不如……），"the least＋形容词或副词原级"（最……），"prefer ... to"（宁可……也不……），"yet 或 remain＋动词不定式"（没有……，未曾……），"be too much for ... "（非……能力所及，对……谈何容易），等等。

二、否定的功能

（一）强调功能

在汉语日常用语中，为了强调某一特定部分往往会用到否定结构。例如：

　　① 为了争取最好的比赛结果，我们不得不这样配置人员。

该句中出现了双重否定词"不得不"。根据双重否定表示肯定的原则，这句话可以理解为"只有这么做才能取得最好的比赛效果"。用上否定词"不得不"以后，这句话加重了"这么做"的语气，重点强调了必须这么做才合理。

　　② 没有这些人撑腰，你就是一个光杆司令。

该句中强调了"这些人撑腰"这一前提的重要性，可以将其理解为"只有这些人撑腰，你才算是真正的司令"这个意思。在日常汉语表达以及汉语思维中，为了更加明确、清晰地表达观点，往往会采用此类借助否定的表达方式，起到强调观点的作用。

同样，在英语的日常表达中，也会经常运用表面上否定、实质上肯定的否定结构。例如：

　　③ The present situation is nothing if not fine.
　　译文：现在的形势好极了。

该句中的"nothing if not ... "用于加强语气，可将其译为"极其""非常""确实"等。

　　④ As a consequence, junior RUP project managers may not follow RUP guidelines and fail to do thorough testing early on.
　　译文：因此，初级的 RUP 项目管理者可能不能遵从 RUP 的指导方针，在一开始的时候不能全面地检测。

显然，该句中的"not fail to do ... "和"can not but ... "表示"必须……""一定……"的意思。

　　⑤ Indeed，TrueCrypt can not only hide files but entire operating systems.
　　译文：实际上，TrueCrypt 不仅能够隐藏文件，还能够隐藏整个操作系统。

　　⑥ Electricity，water and rubbish collection leave much to be desired.
　　译文：电力、供水和垃圾回收还远远不能达到要求。

该句中的"leave much to be desired"可以译为"极不满意的""缺点很多的"。

⑦ The last thing we need are words of wisdom from an armchair critic.
译文：我们最不需要的是纸上谈兵的评论家发表的"智慧"言论。

该句中的"the last"表示否定含义，可将其译为"最不可能的，最不愿意的"。再如"not doubt"意为"be sure"，可以译为"确信"或"必定"，"no more than ..."作修饰语时，相当于"only"之意，可以翻译为"只……"；"anything but ..."意为"by no means"，可以翻译为"决非……"，不难看出，此类含有否定含义的固定搭配都具有强调功能。

(二) 含蓄功能

汉语的否定结构中经常会出现起否定作用的疑问词，例如"哪里""谁""几时""什么"等；此外汉语中还有另外一种特殊的否定形式，即用"含蓄肯定"表示肯定的意义，从而使句子具有含蓄的功能，如常见的"差一点没"。

① 试卷太难了，我差一点没及格。

很明显，该句要表达的真正意思是："这个卷子太难了，我尽了全力才勉强通过考试。"另外，"差点儿没忘了"和"差点儿忘了"是一个意思，都表示"几乎忘了，可还是想起来了"；同样，"小心别摔倒"和"小心摔倒"表达的也是相同的意思，即"小心注意，不要摔倒"的意思。

与汉语否定结构中的含蓄表达相比，英语中表示含蓄表达的词更为繁多、更为复杂，无论在数量上还是在种类上都远远超过汉语。其中，名词有：absence, failure, difference等；动词有：lose, escape, mind, exclude 等；形容词有：last, absent, ignorant, deceptive等；介词有：against, above, beyond, beside, under 等；副词有 vainly, down off 等；连词有 before, in case that, until 等。

② The old woman is past work.
译文：这个老妇人不能工作了。

很明显，该句将"past"翻译为"不能"，而不是常见的"经过""超过"等意义。英语中还有一些其他否定结构也能表达含蓄否定的意思，多见于一些固定搭配中，例如："too ... to""be alike to ..."等；表达虚拟语气的固定句式，例如："It is ... that ...""not ... to ..."等；还有表示劝诫的祈使句，例如："prefer ... rather than ..."等。此外，还有很多表示含蓄肯定的特殊否定结构，例如："no sooner than ...""nothing more or less than ...""not ... but for ...""not ... except for ...""not rarely ...""not the least ..." 等等。此外，汉英两种语言中都会用带有否定词的感叹句、修辞问句、反语以及双重否定句来含蓄地表达句子本意。例如："Won't you help me for a moment?"直接译为汉语是"请问你不能帮我一会儿吗？"而在汉语日常交际中，人们往往习惯将该句表达为"请问你能不能帮我一会？"

第二节 汉、英否定结构的不同形式

否定是一种常见的语言现象,在汉语和英语表达中经常被使用。但由于人们的生活方式、思维方式和文化背景不同,否定表达存在很大的差异性。这一点在英语和汉语的否定结构中表现得尤为突出。对于母语是英语和母语是汉语的学习者而言,在涉及不同语言、不同文化的交际过程中,如果对非母语的否定表达的理解不当或者运用不准确,往往会造成双方交际与沟通的障碍。因此,要想解决这一类问题,就必须对英汉否定结构和常见的否定方式做一个全面的比较,找出两者的差异。

一、汉、英否定词素对比

英语和汉语都存在大量否定词缀或词素,由于英语是形态变化比较丰富的语言,所以相比之下,英语否定词缀更为丰富,而汉语相对来说绝大多数是构成否定词的否定词素。

英语中常见的否定词缀包括前缀和后缀两类,其中常见的前缀有:"a-(an-)""ab-""anti-""dis-""in-(im-/il-/ir-)""mis-""non-""un-""counter-""de-""dis-""ill-""ne-""under-"等。一般来说,前缀不改变词根的词性,所构成的派生词同原词根的词性保持一致。然而,后缀则不然,例如"-less"与名词词根"care"结合后形成新的形容词"careless"。同一词根可以搭配不同的否定前缀,有时表达的意思比较接近,而有时差异很大。例如,"moral"意为"合乎道德的";"immoral"加上前缀"in-",表"道德败坏的";"unmoral"加上前缀"un-",表"不受道德观念影响的、与道德无关的";而"amoral"因为前缀"a-",则表示"无道德感的、不关心是非的"。再如,"no"可以与代词、名词、副词等结合形成否定复合词,例如:"no one""nobody""nothing""nowhere"等。

汉语当中常见的否定词缀很多,例如:"不""非""无""莫""未""异""反""禁""没""亡""失""白""乏"等,词性各不相同,如其中"不"是副词,是现代汉语中最常用的否定词之一;而"非"和"无"原来是动词,现在则可用作副词;"莫"是代词;"未"则是副词。但是,在现代汉语中,只有"不"可以单用,逐渐变成了词并非词素。

汉语否定词素同其他词根结合所构成的词,词性一般可以分为三种:其一,同于否定词素,例如:"不"(副词)+"得"(动词)="不得"(副词);其二,同于其他词根,例如:"未"(副词)+"免"(动词)="未免"(动词);其三,与两个构词成分都不一样,例如:"莫"(代词)+"大"(形容词)="莫大"(副词),"不"(副词)+"道德"(名词)="不道德"(形容词)。

英语否定词缀和汉语否定词素数量都比较多。相对而言,英语常用的否定前缀更多,汉语常用的只有十几个而已。英语否定词缀和汉语否定词素具有比较强的对应性,许多英语否定词缀可以和汉语否定词素互译。不同点在于,英语的否定词素绝大多数是词缀,不能独立成词,必须依附在一个词根上,所以组成的词基本是派生词;而汉语则不同,很多否定词素不仅具有很强的构词能力，本身也是一个独体词，即能够独立成词，例如"不""没有"等。

英语的否定词缀或是前缀，或是后缀。否定后缀不能挪到前面做前缀；同样，否定前缀也不能挪到后面做后缀，位置固定。然而，汉语的否定词素则相对比较灵活。

二、汉、英否定词对比

汉语中最常用的否定词有二个："不"与"没（有）"，此外还有"否""勿""别""莫""非""无"等等，此类否定词汇有的带有一定古汉语色彩，有的带有方言色彩，大多只用于某些特定场合。与英语一样，汉语中的否定词置于不同句子成分前，会造成否定范围和否定焦点的不同。例如下面两个例句：

① 能量不能创造也不能消灭。（谓语否定）

② 这是一个非正规的用人单位。（表语否定）

相比之下，英语中的否定词类较多，主要有否定副词"never""not"等，否定形容词"neither""no"等，否定名词"nobody""nothing"等，否定代词"neither""none"等，否定连词"neither""nor"等。此外，由于英语存在名词性的否定，因而还存在主语和宾语的否定现象。例如：

③ The machine did not stop because the fuel had run out. （谓语否定）

④ The old man is no engineer. （表语否定）

⑤ No energy can be created，and none destroyed. （主语否定）

⑥ The circuit should be overloaded on no conditions. （宾语否定）

除了以上常用的否定词，英语表达中还有很多词汇本身并不具有否定意义，但是在上下文中往往翻译为否定意义。例如：refuse，cease，lack，fail，stop，prevent 等动词。

⑦ Many small businesses fail to do so because they do not know how to price their products or services.
译文：许多小型企业没有做到这一点，因为他们不懂得如何为他们的产品或劳务定价。

⑧ The tractor refuses to start.
译文：拖拉机启动不了。

⑨ Good lubrication keeps the bearings from being damaged.
译文：润滑良好使得轴承不受损坏。

再如 absence，loss，neglect，exclusion 等名词：

⑩ A few instruments are in a state of neglect.

译文：一些仪器处于无人管理的状态。

⑪ The absence of air also explains why the engineer does not run.
译文：正因为没有空气，发动机停止运转。

再如：little，last，be free from，be ignorant of，be short of 等形容词或形容词短语。

⑫ Such fast neutrons have little chance of being captured by the fissible uranium.
译文：这种快速运动的中子被可裂变的铀捕获的机会很少。

⑬ Present supplies of steel are short of requirements.
译文：目前钢材的供应不能满足市场的需求。

另外，beyond，above，be out of，past，instead of 等介词或介词短语也具有否定意义，例如："beyond understanding"（无法理解）、"out of the ordinary"（非同寻常）、"above my comprehension"（非我所能理解）等；以及 "unless" "but" "（rather）than" "before" "would rather"等连词也会具有否定意义。例如：

⑭ Never start to do the experiment before you have checked the machine.
译文：机器没有检查好前，不要开始实验。

三、英汉否定句类型对比

一般说来，英语常见的否定类型包括句子否定、区域否定和谓语否定，具体有以下几种：

（一）一般否定

一般否定即谓语否定，在这一类否定表达中，英汉二种语言的否定结构基本一致。例如：

A radar screen is not like a television.
译文：雷达屏幕和电视屏幕不一样。

（二）延续否定

英语中表示延续否定常用"neither … nor … ""not to mention … ""still less … "等结构，而汉语则常用"……也不……""更不（用说）……""……也没（有）……"等结构。例如：

The first tractor was not good，neither was the second（one）.
译文：第一台拖拉机不好，第二台拖拉机也不好。

此类否定句结构，英文语序与汉语语序大致相同。

（三）排除否定

英语中常用"but"或"except"等词表达排除否定，相当于汉语的"除……（以外）"，不同的是英语习惯将之置于句尾，而汉语则通常置于句首。例如：

The sanctions ban the sale of any products excepting medical supplies and food.

译文：国际制裁禁止销售医药用品和食物以外的任何产品。

（四）加强否定

加强否定指的是使用一些否定语气较重的词或短语来加强否定，这样的词或短语有"never""by no means""not … at all""on no condition"等，相当于汉语中的"决不……""绝对不……""完全不……"等。例如：

Under no circumstances will China be the first to use nuclear weapons.

译文：无论在任何情况下中国都不会首先使用核武器。

（五）双重否定

双重否定在日常表达中往往起强调作用或表示委婉的说法。英语中的双重否定指在同一个句子里出现两个否定词，或者是一个否定词与一个表示否定意义的词连用；与其不同的是，汉语中的双重否定一定要出现两个否定词。例如：

① The seal oil cooling system of a turbogenerator is our core components and without it our company could not be able to survive.

译文：汽轮发电机密封油冷却系统是我们的核心部件，没有它，我们的公司无法生存。

② Not many people have no-where to live.

译文：没有多少人无家可归。

该句还可以理解为"Most people have somewhere to live"。

汉语中双重否定句也非常常见，例如："我不得不服从她。""没有多少人没地方住。"

（六）部分否定

英语中有一类表示"总括概念"的副词，例如"always（总是）""absolutely（完全地）""altogether（完全地）""completely（彻底地）""entirely（全部地）""necessarily（必然地）""wholly（完全地）""everywhere（到处）"等，当这些词与否定词连用时，通常放在否定词后面，也可以理解为部分否定。此外，英语中当句子的主语含有表示"全部""所有"等概念的代词或形容词时，例如"all""both""every""everything""everybody""everyone"等，这种情况构成部分否定，否定形式在谓语动词，不能按字面翻译，而应把否定意义转移到这些词的前面来理解,表面来看是"都不……"之意,而实际上应该理解为"不都……"之意,也可以说是"部分否定"发生"否定转移"而造成的结果。例如:

① Not all the girls left early.

译文:不是所有的女孩都走得很早。

② Not every kind of bird can fly.

译文:不是每一种鸟都能飞。

相比之下,汉语中部分否定结构体现为:"并不是所有委员都将参加会议。"/"并非每个学生都喜欢这位老师。"

此处需要注意的是,英语中"all ... not ... "结构时,在英语中是部分否定,但其在形式上与汉语中的"都不……"意思一样,但是汉语中"都不……"则属全部否定结构。因此,"All students don't like the teacher. "翻译成汉语时应该理解为"并非所有学生都喜欢这位老师"而不是"所有学生都不喜欢这位老师"。

(七) 全部否定

"全部否定"与"部分否定"相对应,同样不仅体现在形式上,还要体现在意义上,而且有时还等同于"区域否定"和"加强否定"。汉语中常见的全部否定句型有"所有……都不(没有)……""没有一个……""没有任何……"等,而英语中则用"no""not a""not any"或用含有"no"的合成词、词组等来体现全部否定的意义。例如:"No students like the teacher. "/"None of us will go there. "而在汉语中,上述两个例句对应的表达则应该是:"没有学生喜欢这位老师。"/"我们中没有一个人会去。"

综上所述,汉语语法关系虽然主要通过词序和虚词来表达,但就否定来说,否定词很少因否定而改变原句语序,而且否定主要通过否定词及其搭配词来体现;而英语由于多了名词否定和词缀否定,否定手段更为丰富。

第三节　工程技术英语中的否定句及常用翻译方法

工程技术英语中，关于否定句的翻译有一套较为完整的翻译方法，将宏观的原则和微观的应用囊括其中，工程技术英语否定句的理解和翻译，最重要的是抓住否定重点，一般说来应该遵循以下原则：其一，否定意义的翻译方法，可根据句子的语气强弱和汉语表达习惯而定，语气较强的汉译时大多可以处理成否定，而语气较弱的大多可以翻译成肯定；其二，全部否定通常还是翻译成否定，但需要根据汉语习惯，对词序做出适当调整。例如在宾语从句中，或是在用动词不定式表示的宾语补足语之否定时，可以视情况把英语中的谓语否定译成肯定，而把宾语从句或不定式宾补的肯定译成否定；其三，由"all"等词加"not"构成的部分否定，可译成"不全是"等之意；其四，双重否定比肯定语气重，翻译成汉语时，通常将其译成汉语的双重否定，如若显得累赘费解，也可以考虑译成肯定式，具体需要看汉语表达而定；其五，遇到带有前后缀的否定时，一般直接译成汉语的否定，按照汉语表达习惯进行翻译即可。

一、全部否定

"全部否定"（Full Negation）是指对否定对象加以全盘彻底的否定，在工程技术英语中，全部否定往往是通过一些特定的否定词来表达的。此类常见的否定词包括"neither""never""no nobody""none""no one""nor""not""nothing""nowhere"等，一般情况下，将此类全部否定直接翻译成汉语的否定句。例如：

① Experts attributed this result of this experiment not to any leadership but to culture, strict supervision system and management philosophy.

　　译文：专家认为这种实验结果不是领导力的结果，而是由企业文化、严格的监理体系和管理哲学造成的。

本句由否定结构和取舍结构共同构成，其中的否定结构属于全部否定中的特指否定。形式上而言，"not"所否定的并不是谓语"attribute"，而是宾语补足语"any leadership"，而"attribute to"意为"认为……是……的结果""将……归因于……"，由此可知"attribute ... not to ..."意为"认为……不是……的结果"。该例句中英语原文的表达方式简单明了，意思明确易懂，按照汉语的表达方式将其译成否定形式，有两方面优点：一是保留了原文的形式；二是符合汉语的思维和表达习惯。

对于全部否定句的翻译，我们只要按照否定词之含义进行翻译并兼顾汉语表达习惯即可。再如，对比以下例句：

② None of the devices in Fig 6 acts as relay.

译文：图 6 中的器件没有一个起继电器的作用。

③ No one in the construction site can go against the rules and regulations.
译文：工地上任何人都不可以违背规章制度。

④ Nowadays it is not difficult for engineering and technical personnel to go abroad.
译文：现如今工程技术人员出国并不难。

⑤ This kinds of mental was nowhere to be found.
译文：到处都找不到这类金属。

⑥ None of the mechanical equipment are popular.
译文：所有的机械设备都不受欢迎。

⑦ She'd buy nothing like that kind of outdated equipment.
译文：她从不买那种落伍的产品。

⑧ None of these materials have conductivity higher than aluminum.
译文：这些材料的导电率都不及铝高。

⑨ Neither of the product descriptions is of any use to me.
译文：这两本产品说明书中哪本对我也没用。

⑩ Neither a positive charge, nor a negative the neutron has.
译文：中子既不带正电荷，也不带负电荷。

⑪ At least nowadays, there is no way to harness the energy of fusion.
译文：至少目前还没有办法利用聚变能。

⑫ No body can be set in motion without having a force act upon it.
译文：如果在物体上不施加力，任何物体都不可能运动。

⑬ Nothing in the world moves faster than light.
译文：世界上没有任何东西比光传得更快了。

⑭ Nowhere in nature is aluminum found free, owing to its always being combined with other elements, most commonly with oxygen.
译文：由于铝总是和其他元素结合在一起，最常见的是和氧结合，因此在自然界根本找不到游离态的铝。

⑮ No defects did we find in these circuits.
译文：在这些电路中没有发现任何缺陷。

二、部分否定

"部分否定"(Partial Negation)又叫"不完全否定",一般是指对叙述的内容作部分而不是全部的否定。当英语的某些具有全体意义的不定代词或副词,例如"all""both""every""each""often""always""completely"等用于否定结构时,就表示部分否定。在这类否定句中,"all""both"等词往往是否定的重点,通常译成"不都是……""并非都……""并不都……""不全是……""不总是……"等。此外,还有些副词,例如:"hardly""scarcely""seldom""barely""few""little"等词也表示部分否定。

(一) "all ... not ... ""both ... not ... ""every ... not ... "等句型

此类句型大多可以理解为"不是每个……都……""并非全是……""未必都是……"等意思。例如:

① The number and the depth of the problems we face suggest that the very task of our company may be at stake. We are concerned that there has not been enough sense of urgency throughout our company about the mortal struggle in which we are engaged. Yet all may not yet be lost.

译文:我们所面临的问题的数量及其严重性表明:我们公司的项目危如累卵。我们担心,全公司上下对于我们现在所卷入的这场殊死搏斗并没有足够的紧迫感。然而,迄今为止,公司全体也并非一无是处。

这里的代词"all"表示整体,意为"全部""所有",与否定词连用,可以翻译为"并非……",句末的"lost"含有一定的否定意味,表示一种状态,意为"丢失的、一筹莫展的";因此,本句话可以理解为"全公司人并非失去了所有"。但是,需要注意的是,这里的"迄今为止"表示"到目前为止",是一个时间段的概念,而"失去"或"丢失"表示短暂性动作;因此,此次可以结合上下文,将其处理为"……公司人也并非一无是处",其中"一无是处"指"没有一点对的或好的地方"。形式上来说,这样翻译较为简洁;意思上来说,也与上下文较为契合,一方面"谴责"公司上下对社会问题的认识不够深刻,公司已经卷入"某种战争",而全体职员却尚未有足够的紧迫感;另一方面又做出了让步:公司全体职员这种状态是有道理可循的,毕竟公司的其他优点(善于利用机会、不断提高的生产力、自由企业经济的内动力等)使得其有充分的理由和信心迎接未来。因此,从这个角度来讲,他们"并非一无是处"。

再请对比以下例句:

② All the engineer's practices were not successful.
译文:那位工程师的实践并不都是那么成功的。

③ Both the devices are not imported.
译文:这两台设备并非都是进口的。

④ All of the heat supplied to the engine is not converted into useful work.

译文:并非供给发动机的所有热量都被转变为有用的功。

⑤ All the E-devices are not efficient.

译文:电子设备未必都是高效的。

⑥ Both of the metals are not involved in the chemical reaction.

译文:这两种金属并非都起了化学反应。

⑦ All equipment cannot be manufactured in this way.

译文:并非所有的设备都可以这样制造。

⑧ Ships may be built in any country to a particular classification society, rules, and all the ships are not restricted to classification by the relevant society of the country where they are built.

译文:船舶可按照某一特定的船级社规范在任何一国建造,但不一定都遵循所在建造国的船级社的规范。

⑨ Both of the instruments are not precision ones. (＝Not both of the instruments are precision ones.)

译文:这两台仪器并不都是精密仪器。

⑩ All of the disputes between multinational enterprises were not settled under the WTO framework.

译文:并非所有的跨国企业之间的争端都在世贸组织的框架下获得解决。

⑪ Every instruments in our laboratory is not imported from aboard.

译文:我们实验室的仪器并非全是进口的。

(二) "not all ..." "not every ..." "not both ..."等句型

当"not"与"all""every""everyone""both"等词连用时,一般表示不完全否定,可译为"不是所有的……都……""不是每个……都……"等。例如:

① Not all engineers can solve the problem.

译文:不是所有的工程师都能解决这个问题。

② Not every device works well.

译文:不是每个设备都运行良好。

③ Not each line in the control room is out of order.

译文:并非每一条控制室里的线路都坏了。

④ Not all matter is visible.

译文:不是所有的物质都是可视的。

⑤ Not both production lines were effective.

译文：两条生产线不都有效。

⑥ Not all so-called great truths are correct.

译文：不是所有所谓的真理都是正确的。

⑦ Not every expensive special tool in our lab is not produced in foreign country.

译文：实验室价格昂贵的专用工具不都是外国制造的。

⑧ Mechanized operation does not finish every step，and sometimes manpower is required.

译文：机械化操作并非能完成所有的步骤，有时还需要人力完成。

⑨ The workers are not familiar with both of engines.

译文：工人们对这两台发动机不是都熟悉。

⑩ You can't make an omelette without breaking some eggs.

译文：打不破鸡蛋，做不成蛋卷。（形容要打破现有的框架）

此外，"主语＋not＋all（或'both''every''always'等）"句型，一般可译为"并不是都……""不都……""并非总是……"等。例如：

⑪ I don't know both of the equipment.

译文：这两台设备我并不都了解。

⑫ He doesn't know everything about the machine.

译文：他并不了解这台机器的全部情况。

⑬ Such a rare metal will not be found everywhere.

译文：这样的稀有金属并非到处都能找到。

⑭ His chief trouble was that he didn't know any foreign languages.

译文：他的主要麻烦是他不懂任何外语。

⑮ But friction is not always useless，in certain cases it becomes a helpful necessity.

译文：然而摩擦并非总是无用的，在某些场合下，它是有益的、必需的。

（三）含有"hardly""barely""seldom""nearly""scarcely""little""few"等半否定意义的句型

在非正式的工程技术英语表达中，往往会借助半否定"hardly""barely""seldom""nearly""scarcely""little""few"等来表达否定意义。例如：

① ... only a handful of dissidents were exhausted from the inclusive concept：diehards，reactionaries，the more farouche and paranoid fringes of the radical Right，and the Left. Together，they hardly added up to a monitor's guard.

译文：……只有屈指可数的几派异议分子被排除在这种兼容并蓄的理念之外：顽固派、保守派、极偏执激进的右派分子和左派。聚集起来几乎不及班长带领的一个班。

该例句中的"add up to"意为"总计共达"，"hardly"在这里为否定词，意为"几乎没有""几乎不""(险些、差点)不"。"hardly add up tp"意思为"不足以……""几乎达不到……""难以(促成)……"，一般表示对某种结果的否定，因此将其翻译成否定形式，即"聚集起来，(这些异派分子的总数量)几乎达不到班长带领的一个班(的人数)"，为了使句子结构更为简单紧凑，将部分语义进行统一替换，即"聚集起来不及班长带领的一个班"。

同样，再对比以下例句：

② We could hardly slow down the process of fusion enough for any other purpose.

译文：我们几乎不能将聚变过程减慢到足以用于其他目的。

③ Barely any of our present batteries would be satisfactory enough to drive the electric train fast and at a reasonable cost.

译文：我们现有的蓄电池几乎都不足以保证电气火车快速而经济高效地运行。

④ Seldom do designers use pencil to draw sketches now.

译文：现在设计师们很少用铅笔来画草图。

⑤ Hardly had the technician collected the facts when it began to store them in the memory.

译文：技术人员把资料刚收集起来，立刻就存储在存储设备里。

⑥ Scarcely did they speak about the difficulties in the construction stage.

译文：他们很少提到施工阶段的困难。

⑦ Rarely do metals occur in nature in a pure form.

译文：自然界里很少存在纯金属。

⑧ Seldom does a single metal have all the properties needed for a particular power engineering equipment.

译文：单单一种金属很少会有某些特定电力工程设备所需要的全部性能。

⑨ Few of us can solve the complicated problem in this science and engineering field.

译文：我们当中几乎没有几个人能解决这一科学工程领域内的复杂问题。

⑩ The speed of the satellite scarcely changes at all for many years.

译文：多年来这个卫星的速度几乎没有任何变化。

⑪ I can scarcely believe the test results of model machine.
译文：我几乎不敢相信样机的测试结果。

三、双重否定

"双重否定"(Double Negation)是指在一个句子中连用两个否定词或连用一个否定词与一个表示否定意义的词的句子，其目的是加强语气，或是为了委婉地表达意思。从逻辑上来讲，双重否定一般是肯定的强化形式，译成汉语时可译成肯定语气，或根据上下文需要译成双重否定。

在翻译工程技术英语双重否定句时，既不是按照"负负得正"的逻辑将句子翻译成肯定形式，也不是按照顺译的方式将其意思表达出来即可，而是考虑两个因素：其一，是语气。在语气较为强烈的情况下，汉语的双重否定就能派上用场，例如"不是不""不可能不""非……不可""谁也不能否认"等，这种结构既能表达肯定也能强化语气。其二，是优化表达。将双重否定译成肯定形式的时候，应该考虑是否有更优、更精炼、更生动的表达，往往可以考虑使用汉语中的四字成语、典故等，将译入语的优势充分发挥出来。例如：

There is another fact about the industrial environment and technological environment in the United States that has no analogue anywhere else in the world, said White in his second edition, published in 2007, … , namely the colossal industrial success we are witnessing.

译文：《现代资本主义》一书于2007再版，怀特在该书中阐述了另一事实，即美国的工业环境和技术环境是无可比拟的，……，这源于工业发展所取得的巨大成就。

该句中"no analogue anywhere else in the world"意为"在世界上任何其他地方没有类似的事物"，此句意指"世界上没有其他任何国家与美国类似"。其实，《现代资本主义》一书之作者想强调的"美国的独一无二"是其"工业的发展以及经济的繁荣"，这是其他国家无法与之相提并论的。这里将其翻译为"没有其他任何国家与美国的工业环境和技术环境类似"，单纯从句意和词意上看是行得通的，但凸显不出语义重点，因为单就"没有其他国家与美国的工业环境和技术环境类似"这句话而言，里面含有两层意思，一层是美国工业环境和技术环境比其他国家好，另一层是美国的工业环境和技术环境不如其他国家，而《现代资本主义》一书的作者怀特一直在强调美国社会的优越性，那么其口气、语调和情感理应更为强烈。因此，在这种情况下，一方面要考虑更加简单且贴切的表达方式，另一方面也要将这种感情进行一定的呈现。

（一）英语双重否定译成汉语肯定形式

通常情况下，可以将英语的双重否定译成汉语的肯定形式，例如：

① No machine ever runs without some friction.

译文：所有机器运转时都会产生摩擦力。

② Without the wealth of manufacturing information a ship could not be built.

译文：没有大量的制造信息，就不能建造船舶。

③ The engineer is not a little interested in hydraulics.

译文：这个工程师对液压传动油有非常强烈的兴趣。

④ The fuel or lubricant cannot be sold until they are separated and purified of any contaminants and impurities.

译文：只有经过分离过滤掉污染物和杂质，燃油或润滑油才可以出售。

⑤ Despite the current oil glut, no serious expert believes that this is anything but a rapidly diminishing resources.

译文：虽然目前石油供过于求，但是任何一位严谨的专家都认为，石油是一种接近枯竭的资源。

⑥ No one had known about the good properties of the device until that experiment was made.

译文：只有经过实验后，人们才能了解这台装置的伏安性能。

⑦ There is no material but will deform more or less under the action of forces.

译文：任何材料在力的作用下都会产生变形。

⑧ Hardly a modern automotive industry exists without some dependence on a material technology.

译文：任何一种现代化汽车工业几乎都程度不同地与材料技术有关。

⑨ But before the transistor was designed and made, a radio could not be built without these vacuum tubes.

译文：但是在设计并制造出晶体管之前，收音机只能用这些真空管制造出来。

⑩ Current transmission though a metal wire is not unlike that of water though a pipe.

译文：电流经过金属线路就像水流过水管一样。

(二) 英语双重否定译成汉语双重否定形式

英语中的双重否定还可翻译成汉语中的双重否定形式,例如:

① It is impossible for heat to be converted into a certain energy without something lost.

译文:热能转换成其他能不产生损耗是不可能的。

② If it were not enough acceleration, the earth satellite would not get into space.

译文:如果没有足够的加速度,人造卫星是不可能进入外太空的。

③ Without enough engineering experience and technology it is impossible to build this sky building.

译文:没有足够的工程经验和技术要建设这样的摩天大楼是不可能的。

④ There can never be a force acting in nature unless two bodies are involved.

译文:自然界中没有两个物体的相互作用,就不会有力的作用。

⑤ Without the invention of the steam engine, there could be no modern industrial civilization.

译文:没有蒸汽机的发明就没有现代工业文明。

⑥ No automobile engine ever runs without some friction.

译文:没有一台汽车发动机运转时不产生摩擦力的。

⑦ The research team is not unsatisfactory with experimental findings.

译文:研究团队对实验数据不是特别不满意。

⑧ In the absence of enough friction, the driving wheel would not run the equipment.

译文:没有足够的摩擦力,主动轮将无法带动设备的运转。

一般说来,在工程技术英语中,双重否定句出现频率相对较少,因为其句法特征并不符合工程技术英语的特点。相对而言,双重否定句肯定性更强,而一般肯定句肯定性弱;双重否定句感情色彩更强,肯定句感情色彩较弱;双重否定句委婉程度高、更礼貌,但一般肯定句委婉度低;双重否定句语气柔和让听者很舒服,一般肯定句语气急促生硬,让人难以接受。

总的来说,英汉双重否定句有许多相同之处,它们都可以表示肯定、否定和委婉,这些相同之处决定了其可译性。无论选取何种方法进行翻译,理解句子含义是关键。在工程技术英语中,涉及双重否定的翻译时,首先要通过上下文来确定句子意思到底是肯定、否定还是委婉,然后再确定其句意及语气,进而选取合适的翻译方法进行翻译。只有理解和了解句子的含义及语气强弱,才能更好地传递原文,传递源语文化。

四、意义否定

"意义否定"(Semantic Negation)在工程技术英语中也较为常见,有些句子虽然以肯定形式出现,但由于句子中含有"准否定词"(Quasi negatives),从逻辑上来说,其句子本身表达的是否定意义,这种情况下翻译时要按其隐含的否定意义译成汉语中的否定句。具体包括以下几种情况:

(一) 借助含有否定意义的形容词、副词或者形容词短语

英语中,有些形容词、副词及其短语含有鲜明的否定意义。在翻译的时候,掌握了这些否定含义,译者便可以摆脱这些形容词基本意义的干扰,用汉语的否定句来进行翻译。此类具有否定意义的形容词或者形容词短语常见的有:"few""little""hardly""rarely""scarcely""barely""seldom""be far from ...(远不、一点也不)""free from ...(不受……影响)""be safe from ...(免于)""be short of ...(缺少、不足)""be ignorant of ...(不知道、没有注意到)""be independent of ...(不受……的支配)""be impatient of ...(对……不耐烦)""deficient(缺乏)""devoid of(不具有……、缺乏……)""be alien to ...(与……不同)""be foreign to(不适合、与……无关)""blind to ...(看不见)""far and few between ...(很少)""absent from ...(不在)""be different from ...(不同于……)""be reluctant to ...(不愿意……)""less than ...(少于……、不多于……)""dead to ...(对……没有反应)""the last ...(最后的……、最不愿意……、最不配……、决不……)"等等,例如:

① The engineer can hardly read the original instruction without a dictionary.

译文:不借助于词典这个工程师简直看不懂说明书原文。

② People rarely see this kind of equipment is out of order.

译文:人们很少见到这台设备出故障。

③ Or worse, they may think that you are ignorant of important professional news.

译文:更糟的是,他们可能会认为你对重要的专业新信息一无所知。

④ The very notion of price competition is foreign to many project managers.

译文:价格竞争这个概念对于许多项目经理都很陌生。

⑤ In all cases paraffin for the equipment must be absolutely free from impurity.

译文:任何情况下这台机器用的石蜡绝对不可以掺进杂质。

⑥ Although it shines like sliver，the polyacetylene film was far from an electrical conductor.

译文：尽管聚乙炔像白银一样亮，但是它并不是导体。

⑦ Those who are engaged in the Work，are dead to this world at the same time they are more alive in this world than anyone else.

译文：那些从事本体系工作的人，都对这世界死心，在这同时，他们在这世界上比别人更活跃。

⑧ The equations of equilibrium and kinematic relations are independent of the type of material.

译文：平衡方程和运动学关系式是与材料类无关的。

（二）借助含有否定意义的动词或动词短语

英语句子中，由于有些动词或者动词短语具有否定意义，所以可以翻译为汉语的否定句。此类动词或者动词短语常见的有："miss（错过，即'没有碰到'）""deny（拒绝，即'没有答应'）""lack（缺乏，即'不足'）""refuse（拒绝，即'否认''没有答应'）""escape（逃避，即'没有被发现'）""resist（抵抗，即'没有放弃'）""reject（拒绝，即'没有答应'）""decline（拒绝，即'没有答应'）""doubt（怀疑，即'不太确信'）""wonder（想知道，即'不明白'）""fail（失败，即'没有完成'）""exclude（排除，即'没有接受''不包括'）""overlook（没有注意到）""cease（终止，即'没有坚持'）""neglect（没有注意到）""defy（不服从）""forbid（不许）""give up ...（放弃……，即'没有坚持'）""refrain from ...（不允许……）""lose sight of ...（不管……）""keep up with ...（不落后于……）""save ... from（使……不……）""shut one eyes to ...（不看……）""to say nothing of ...（更不用说……）""not to mention ...（更不用说……）""protect/keep/prevent ... from（不让……）""keep off ...（不接近……）""keep out ...（不让进入……）""turn a deaf ear to ...（不听……、不顾……）""fall short of ...（不足……）""live up to ...（不辜负……）""dissuade ... from ...（劝……不要……）""keep ... dark（不把……说出去）"等。例如：

① It was because a number of historical factors had weakened the political unity and consciousness of the working class and deprived it of the means to perceive its own interests and to defend them.

译文：而是因为一系列历史因素动摇了政治统一和工人阶级的观念，使他们丧失了感知并维护自己的利益的方式。

该句中的"deprive of"（剥夺，使丧失）这一动作词造成的结果一般是"（某人）不能再……""（某人）失去了……的权利"等，既暗含一种"因为……所以丧失（原来有现在没有或本该有却没有的）"因果关系，又暗含一种"今昔对比""前后对比"的意味。

② The metal cutting machine tool simply refused to start.

译文:这台精密机床根本启动不了。

③ The error of calculation escaped the designer.

译文:设计师没有注意到这一计算错误。

④ This last clause is a thinly-veiled threat to those who might choose to ignore the decree.

译文:这最后一项条款明显是对那些可能会无视法令之人的威慑。

⑤ The operator had to take emergency action to avoid a disaster.

译文:操作员不得不采取紧急措施避免灾难的发生。

⑥ Words failed them when they found the machine work again.

译文:当机器重新工作的时候,他们激动得说不出话。

⑦ I am sorry I missed new product presentation.

译文:我很遗憾,没有赶上新产品发布会。

⑧ Gas turbines differ from steam turbines in that gas rather than steam is used to turn a shaft.

译文:燃气轮机不同于汽轮机,是用燃气来驱动轴旋转,而不是蒸汽。

⑨ The news media were barred from the product launch ceremony.

译文:媒体不被允许参加新产品的首发仪式。

⑩ Time failed the students to finish the experiment.

译文:因为时间不够了,所以学生们没有完成实验。

⑪ This was intended to exclude the direct rays of the sun.

译文:其目的是阻挡直射的太阳光。

(三) 借助介词表达否定意义

工程技术英语中,有些介词具有否定意义。翻译的时候可以直接翻译为否定句,常见的有:"past(超过)""above(不低于)""without(没有)""beyond(超出)""instead of(而不是)""in vain(无效,没有)""in the dark(一点也不知道)""at a loss(不知所措)""but for(要不是)""in spite of(不管)""at fault(出错)""against(不同意)""before(还没有……就)""below(不到……)""beside(与……无关)""but(除……之外)""except(除……之外)""from(阻止,使……不做某事)""off(离开,中断)""under(在……之下,不足……)""within(不超出……)""beneath(不如,不足)""beneath one's notice(不值得理睬)""out of(不在……里面,不在……状态)""out of the question(不可能)""in the dark about(对……不知)"等。例如:

① They were completely in the dark about the construction plans and specifications.

译文：他们对施工图纸和规范一无所知。

② All test data and experimental records are above suspicion.

译文：所有的测试数据和实验记录都无可争议。

③ The main rival's accusation against us is beneath notice.

译文：竞争对手对我们的指责不值一提。

④ Better construction plan plays dividends beyond the patience of most politicians.

译文：更好的施工方案所带来的好处，超出了多数政界人士的耐心。

⑤ The experimental center was seriously damaged and obviously past repair.

译文：整座实验中心受损严重，显然无法修复。

⑥ Analysis and conclusion given by Engineering Department just now is beside the mark.

译文：工程部给出的分析和结论完全文不对题。

⑦ Most comets are extremely faint objects, far below the limit of the unaided eye.

译文：大多数彗星都是很黯淡的物体，远非肉眼可见。

⑧ But for these structures of polystyrene and steel, the bitter wind would blow the house to pieces.

译文：要不是这些聚苯乙烯和钢筋结构，大风会把这所房子刮得七零八落。

⑨ This puts computer technology based on ASCII out of reach of most of the world's people.

译文：这使得建立在 ASCII 基础之上的计算机技术脱离了世界上大部分人。

⑩ The design of this modern building is above criticism.

译文：这栋现代化建筑的设计无可指责。

(四) 借助连接词表达否定意义

工程技术英语中，"before""but that""only that""other than"等连接词也常用于表示否定的意思，例如：

① I'll see all data and applications partitionable before I accept your terms.

译文:除非我看到所有的数据和应用程序都是可以分区的,我才会接受你的条件!

② All steel structure models have fallen but that I caught them in time.
译文:要不是我及时抓住,所有的钢结构模型都会倒塌。

③ Only that you assured me it was so, I should not believe it.
译文:要不是你向我保证,我才不会相信呢。

④ The results of the experiment is quite other than what he predicted.
译文:实验的结果和他的预测不一致。

(五) 借助绝对否定短语表达否定意义

"绝对否定(Absolute Negatives)"是否定句中表达很强、很彻底否决的一种形式,往往以"not at all""by no means""in no way""nothing short of"等词组为构成特征。例如:

① The engineers were not at all satisfied with the result of the test.
译文:工程师们对测试的结果非常不满意。

② On matters of scientific data we should be clear-cut in attitude, and by no means be equivocal.
译文:在工程数据问题上,我们必须态度鲜明,绝不能模棱两可。

③ He was in no way representative technician of in general.
译文:他绝不是一般意义上的技术工人。

④ He published a paper which was nothing short of revolutionary: he had found that some materials violated Ohm's Law.
译文:他发表了一份文件,这是没有什么短期的革命:他发现了一些材料,违反了欧姆定律。

⑤ His conduct was nothing short of madness.
译文:他的行为简直疯了。

(六) 借助具有否定意义的名词表达否定意义

英语中有些名词具有否定意义,翻译的时候往往需要把含有此类名词的句子翻译为汉语的否定句。常见的具有否定意义的名词有:"neglect(没有注意到)""failure(失败,即没有完成)""refusal(拒绝,即否认,没有答应)""absence(不在,缺少)""shortage(不足)""reluctance(不情愿)""ignorance(没有注意到)""loss(没有)""exclusion(排除,即没有接受,不包括)""lack(缺乏,没有)""negation(拒绝,即否认)""Greek to(对……一无所知)"等等。例如:

① In the absence of force，a body will either remain at rest or continue to move with constant speed in a straight line.

译文：在缺乏外力作用下，物体要么保持静止要么保持匀速的直线运动。

② The water shortage in this area is potentially catastrophic on future industrial development.

译文：这个地区的水资源匮乏可能会给未来的工业发展带来灾难性的后果。

③ Exclusion of air creates a vacuum in the bottle.

译文：瓶子里的空气排除后就产生真空。

④ Ignorance of people brings fear，fear of the unknown.

译文：人们的无知会带来恐惧，对未知事物的恐惧。

⑤ His radicalism and refusal to compromise isolated him.

译文：他的激进主义与拒绝妥协使他受到孤立。

⑥ In the absence of gravity，there would be no air around the earth.

译文：没有引力，地球周围就不会有空气。

⑦ All forms of matter fail to have the same properties.

译文：一切形式的物质都没有相同的性质。

⑧ But exactly how the inner workings of the urban and rural minds cause this difference has remained obscure—until now.

译文：但是直到现在，城市思想和乡村思想是引起这方面差异的确切原因仍旧是不清楚的。

该句中"absence""fail"以及"obscure"等词语本身并不是否定词，但是为了实现汉语表达的一贯性，分别将其翻译为"没有""没有"和"不清楚"这样的否定意义。

四、否定转移

否定转移（Negative Transfer）是指把否定词"not"从语义上应处的位置转移到另一位置（往往是主句谓语部分）上的一种语法现象，即位置上和一个词、短语、从句放在一起的否定词，在意义上或逻辑上转移到否定另一个词、短语、从句的特殊否定句子。汉语中的否定转移是对句子中的两个谓语或前或后的否定。英语中的否定转移句基本结构一般是否定词"not"位于"believe""except""feel""suppose""seem""think""imagine"等动词之后。否定转移的最大特征就是采用委婉的否定词语，把要否定的句子成分写成肯定形式，再借助否定转移把肯定成分转移成否定意义。这种方式使语气得到了缓和，构成了委婉语，使得否定转移具有委婉功能。在工程技术英语中否定转移现象很普遍。比如有的句子形式上否定的是谓语动词，而实际意义上否定的是另一个名词短语；有的句子形式上否定的是一个名词短语，而实际意义上否定的是谓语动词；有的句子形式上否定的是主语部分，而实际意义上否定的是从句部分。这类现象称为否定的转移。在英译汉时对这些现象我们一定要加以注意，正确理解并进行正确翻译。

（一）否定主语转译成否定谓语

工程技术英语中，当"no"作为形容词修饰名词的时候，不论被修饰的名词在原来的句子中起什么作用，一般可以进行否定转移，将其处理成否定谓语动词。例如：

① No energy can be created，and none destroyed.
译文：能量既不能创造，也不能销毁。

② In general，no new substance forms in a physical change.
译文：一般来说，物理变化中不会产生新的物质。

③ No body can be set in motion without having a force act upon it.
译文：如果没有力作用在物体上，就不可能使得物体运动。

（二）否定宾语转译成否定谓语

同样，工程技术英语翻译过程中，遇到"no"否定意义修饰宾语时，往往可以处理成否定谓语。例如：

① I know of no effective way to store solar energy.
译文：我没听说有效的储存太阳能的方法。

② At no time and under no circumstance will our engineering and technical personnel be the one to break construction specifications and rules.
译文：我们的工程技术人员在任何时候任何情况下都不会违反施工规范和规定。

③ These problems have no satisfactory explanation.
译文：这些问题尚未有令人满意的解答。

④ At no time and under no circumstances will our team be the first to buckle.
译文：我们的团队在任何时候任何情况下，都不首先轻言放弃。

⑤ State Grid provides no power of its own.
译文：国家电网本身不产生电力。

（三）否定谓语转译成否定状语

工程技术英语翻译过程中，可以将否定谓语转译成否定状语。例如：

① The engineer didn't do it for herself.

译文：这个工程师这样做可不是为了她自己。

② In the case of two solids，friction does not vary much with the velocity of the sliding motion；but as regards fluids，friction resistance varies much more rapidly with speed.

译文：就两个固体来说，摩擦力不会随滑动速度发生显著的变化，但是对液体来说，摩擦阻力会随着速度而发生急剧的变化。

③ Human beings do not live only on earth.

译文：人类并非是在地球上生活的唯一生物。

④ Methylal does not decompose into CO and H_2 like formaldehyde.

译文：甲缩醛不像甲醛那样可以分解成"CO"和"H_2"。

⑤ The computer is not valuable because it is expensive.

译文：计算机不是因为价格贵才有价值。

⑥ Fraction is not always a bad thing as you think.

译文：摩擦不像你想象的那样总是坏事。

（四）"no"与"not"表否定意义的区别

"no"和"not"都含有否定的意思，但在句子里意思会有很大不同。例如：

① He is not a project manager.

译文：他不是项目经理。

② He is no project manager.

译文：他根本不是经理。

③ It is not a joke.

译文：这不是笑话。

④ It is no joke.

译文：这绝不是开玩笑的事。

（五）动词后的否定转译

英语中表示看法和想法的动词的否定式后常常带有"that"引导的宾语从句时，此时往往将否定转移到从句中进行翻译。此类动词常见的有"think""suppose""believe""guess""expect""imagine"等。翻译此类句子时，一定要注意所否定的部分，做到正确理解、准确翻译。例如：

① The technician didn't believe this was possible but he agreed he would study the matter.

译文：技术人员认为这件事是不可能的，但是他同意继续研究这一现象。

② I don't think it is good to take such a design scheme.

译文：我认为采取这样的设计方案没什么好处。

③ The doctors do not suppose people will object to doing experiments with monkeys.

译文：医生认为人们不会反对拿猴子做实验。

④ We do not consider conventional PID control is outdated.

译文：我们认为传统的 PID 控制并没有过时。

本章练习

一、请将下面句子翻译成中文，注意句中否定成分的译法。

1. I can not repair the printer，not but that I should like to repair.

   _____

2. Every man is not polite，and all are not born gentleman.

   _____

3. Semi-conductors are not good conductors. Neither is the metal.

   _____

4. This is anything but an capacitor.

   _____

5. There is nothing so difficult but it becomes easy by practice.

   _____

6. Such a chance was denied me.

   _____

7. By the 1990s，no more than 15 million out of more than 80 million American workers were organized by unions affiliated to the AFL/CIO.

   _____

8. Very few of the everyday things around us are really pure state of matter.

   _____

9. It was because a number of historical factors had weakened the political unity and consciousness of the working class and deprived it of the means to perceive its own interests and to defend them.

   _____

10. There exist neither perfect insulators nor perfect conductors.

    _____

11. Scientists don't believe that computers can replace man in every field.

    _____

12. At no time and under no circumstances will China be the first to use nuclear weapons.

    _____

13. Not everybody would like it.

    _____

14. You can't make something out of nothing.

_____

15. All metals are not good conductors.

_____

二、请将下面段落翻译成中文，注意否定成分的译法。

1. Remember that both the satellite and the receiver need to be able to precisely synchronize their pseudo-random codes to make the system work. If our receivers needed atomic clocks(which cost upwards of ＄50K to ＄100K) GPS would be a lame duck technology. Nobody could afford it. Luckily the designers of GPS came up with a brilliant little trick that lets us get by with much less accurate clocks in our receivers. This trick is one of the key elements of GPS and as an added side benefit it means that every GPS receivers is essentially an atomic-accuracy clock.

_____

_____

_____

_____

2. Digital service should become cheaper as more customers enroll because it makes more efficient use of the channels that are already available, so operators won't have to build new cell sites. More efficient? It squeezes more cells on one cell.

_____

_____

_____

_____

3. Today's analog phones work by transmitting radio signal that mimic the wave patterns of human speech. They're essentially tiny FM radio stations that can operate on hundreds of different frequencies. Digital phones will also use radio signals, but they will transmit a pattern of pulses rather than analog waves. The pulses represent human speech that has been encoded-digitized—as a series of ones and zeros, like the language used by computers.

_____

_____

_____

_____

第六章

工程技术英语句子翻译

✓参考答案
✓学术探讨
✓拓展资源

□ 英汉句法结构有哪些差异，以及哪些主要表现形式？

□ 工程技术英语长句有哪些特点？

□ 工程技术英语长句的常用翻译方法有哪些？

　　任何英文文献均有特定的属性，原文的属性不同，翻译方法也随之而异。对于从事工程技术英语翻译的工作人员来说，了解工程技术英语语句与日常英语语句或文学英语语句之间的区别无疑对我们阅读、翻译工程类英文文献是有帮助的。

　　异质性导致了语篇系统中各种语篇和语篇模式的变化。因此，工程技术英语语句不是日常英语语句、文学英语语句的一种变体，它在性质和功能上与文学语言语句有着明显的区别。文学英语语句往往被看作对生活的一种理解、一种诠释，它代表了作家、艺术家的内在思想、内心独白，感情溢出。文学英语语句的使用过程中充满了人类的冲动和感知。而工程技术英语语句是精密的、精确的，脱离个人冲动的，它的目的是告知一个重要的问题和采取什么具体的方法来研究这个问题，这是对事实和结果的客观解释，它包含了这些需要外部和实验证据来巩固其有效性的组成部分和发现。在工程技术语句中，主题优先于语言媒介的风格，工程师们更多地关注讨论问题或者讨论对象的主题和结果的准确性，而不是问题或者对象的表现风格。因此，毫不夸张地讲，在工程技术英语语句或者文本中，读者很难发现任何能够引起读者感官上愉悦的语句，因为它们既不累积情感，更少有联想，同时，工程技术语句的客观属性，可能使得任何人，或者任何研究都可以进行，研究仍将得出相同的结论，通过被动语态、名词化结构、非限定动词等语法规则的频繁使用来实现非人格化。

第一节　英汉句法结构对比与翻译

英语与汉语这两种语言在表达上有着显著的差异。首先,从语言发展的起源来说,英语属于印欧语系(Indo-European Family)而汉语则属于汉藏语系(Sino-Tibetan Family)。不同的语系导致了两种语言在句法上存在许多差异。研究表明,印欧语系属于语法语言,而汉语属于语义语言。英语研究的重点主要是主语、谓语顺序和相关的词性,而汉语研究则主要关注个体的"字""词"和"语义"及其关系;其次,从语言发展的类型来看,英语是一种复合型语言,其语言的形态变化主要表现为某些语法意义的变化。因此,英语会有各种各样的人称变化、时态变化、数字变化、语气变化、语态变化等。而且,英语语言和句子的变化主要反映在词尾的变化上。汉语是一种典型的分析语言,其中汉语句子中的词和词的关系不是通过简单的形态变化来实现的,而是通过词的顺序或者借助于虚词等手段来实现的。因此,整个汉语表达中并没有词尾变化的现象。英汉语的这两类差异也就很好地解释了在英汉句法结构上经常出现的"形合"与"意合"、"焦点"与"散点"、"语言重心"的差异。除此以外,英汉句法之间还存在英语的主语与汉语的主题、主客观等多种差异。因此,了解英汉句法上的这些差异对阅读、翻译现代工程技术文献时,有着极其重要的意义。

一、"形合"与"意合"

英文的"形合"(hypotaxis)是指单词和从句通过其自身的形式手段(例如:连接词)之间的连接,以表达语法含义和逻辑关系。每种语言符号的结构紧凑严谨,层层推进,紧密相连,充满逻辑性的节奏感,并注意显式衔接。我们经常使用各种形式的衔接手段,例如连词、介词、从句等,以突出各种语言片段之间的语法关系,以体现"形合"的精神,并注意词的搭配规则,例如"一致关系"和"限制性关系"等。

汉语的"意合"(parataxis)是指词语和分句之间非语言形式的连接。句法关系主要由词序和语义关系表示。句子中各个成分之间的关系是内在的、隐含的和模糊的。它通常不追求形式的完整性,而仅仅试图表达其含义。

语言和翻译界普遍认为"形合"与"意合"是英语和汉语之间最重要的句法差异。在工程技术句子表达中,英语强调"显性衔接"(overt cohesion),具有完整的句子结构和形式。句子中各类意群与成分部分之间的大多数关系都是通过词汇联系直接显示的,这比日常交际英语和文学英语更为严格;汉语注重"隐性连贯"(covert coherence),注重功能和意义,意义重于形式。句子可以通过没有任何连接符号的语义连接进行组合,即通过逻辑联系或语序间接表现出来,其结构灵活、简洁。这种差异不仅体现在两种语言的形式上,而且体现在更深的文化属性上,反映了两国不同的文化思维观。例如:

① The thunder roars loudly，but little rain falls.

译文：雷声大，雨点小。

② If you have no hand, you cannot make a fist.

译文：巧妇难为无米之炊。

从上述例句可看出，英语中必须出现像"but""if"这样的逻辑连接词才能使句子表意明确，不致出现语法错误，体现出英语注重"形合"的特点；相反，汉语中却没有这样的连接词，这种逻辑关系暗含于句序与语义之间，故而体现出汉语重"意合"的特点。

③ While the prospects are bright, the road has twists and turns.

译文：前途是光明的，道路是曲折的。

④ When a rat is seen to run across the street, everyone calls "Kill it".

译文：老鼠过街，人人喊打。

不难看出，由于英语强调形合而汉语强调意合，为了摆脱太强的"翻译味"，做到译文阅读自然、准确，我们必须注意"形合"与"意合"之间的转换。在将英语翻译成汉语时，我们应该分析句子之间的内部逻辑关系，将"明示"变成"暗示"，并在逻辑上弄清主从句之间的关系。

⑤ If rise of blood pressure occurs with some other disease, it is called secondary hypertension.

译文：某种其他疾病伴发的高血压，称为继发性高血压。

⑥ The research work is being done by a small group of dedicated and imaginative engineers who specialize in extracting from various sea animals substances that may improve the health of the human race.

译文：一群人数不多、专心致志、富有想象力的工程师们，专门研究从各种海洋动物中提取能增进人类健康的物质，并将持续研究下去。

在上述两个例句中，如果"if""who"被原义翻译，毫无疑问，译文将是笨拙和烦琐的。通过对比很容易发现，如果翻译人员需要将英语的形合部分翻译成汉语的意合部分，通常可以省略一些连词和功能词。这样的翻译不仅可以保持句子含义和逻辑，而且还符合汉语的表达习惯。相反，如果翻译盲目地遵循原始文本的形式并强行保留句子的特征和原始文本的特征，则译文读起来将不够流畅。

⑦ Extracting pure water from the salt solution can be done in a number of ways. One is done by distillation, which involves heating the solution until the water evaporates, and then condensing the vapor. Extracting can also be done by partially freezing the salt solution. When this is done, the water freezes first, leaving the salts in the remaining unfrozen solution.

译文：从盐水中提取纯水有若干种方法。一种是加热蒸馏法，另一种是局部冷冻法。前者是将盐水加热，使水分蒸发，然后再使蒸汽冷凝成水。后者是使盐水部分冷冻,这时先行冷冻的是水,盐则留在未冷冻的液体中。

该句的译文显然没有拘泥于原文中副词和非限制性定语从句的句法结构,而是故意忽略了原句中的被动语态结构,对原文的句子顺序做出了调整。

⑧ This will be particularly true since energy pinch will make it difficult to continue agriculture in the high energy-consumption American fashion that makes it possible to combine few farmers with high yields.

译文:这种困境将是确定无疑的,因为能源的匮乏,高能量消耗这种美国耕种方式将很难在农业中继续下去,这使得高产能和少数农户结合在一起成为可能。

该句的主干为"This will be particularly true … since"引导原因状语从句,从句中又套嵌一个由关系代词"that"引导的定语从句,修饰"the high energy-consumption American fashion",在定语从句中,"that"做主语,"makes"做谓语,"it"做形式宾语,不定式短语"to combine few farmers with high yields"则是真正的宾语(不定式短语内部"to combine"是主干,"few farmers"是宾语,"with high yields"是状语),"possible"做宾语补足语,"this"指提到的这种困境,"energy pinch"译为"能源的匮乏","in … fashion"译为"用……方法、方式"。

⑨ In general, the tests work most effectively when the qualities to be measured can be most precisely defined and least effectively when what is to be measured or predicted can be not well defined.

译文:一般来说,当所需要测定的特征能被精确界定时,测试最为有效,当要测量或预测的内容不能很好地定义时,测试最无效。

该句的主干为" the tests work most effectively when … and least effectively when … ","and"连接两个并列分句,每个并列分句中皆有一个"when"引导的时间状语从句,分别说明"work most effectively"和"(work) least effectively"。第二个时间状语从句中还有一个主语从句"what … predicted"。弄清主从关系之后,可以把这句话分为四个意群:其一:"In general, the tests work most effectively";其二,"when the qualities to be measured can be most precisely defined";其三,"and least effectively";其四,"when what is to be measured or predicted can be not well defined"。

⑩ While the present century was in its teens, and on one sunshiny morning in June, there drove up to the great iron gate of Miss Pinkerton's academy for young ladies, on Chiswick Mall, a large family coach, with two fat horses in blazing harness, driven by a fat coachman in a three-cornered hat and wig, at the rate of four miles an hour.

译文:当时我们这个世纪刚刚开始了十几年。在六月里的一天早上,天气晴朗,契息克林荫道上平克顿女子学校的大铁门前面来了一辆宽敞的私人马车。

拉车的两匹肥马套着雪亮的马具,肥胖的车夫戴着假发和三角帽子,赶车的速度不过一小时四英里。

该句看起来很复杂,但事实并非如此。除了"while"引导的时间状语从句,其次是主句。主句中是一个由副词"there"置于句首的倒装句,主语为"a large family coach",后面的"with"结构和"driven"带来的后置定语和"at"的介词结构都是修饰语。可以看出,原文的句子结构清晰明了。连词、介词和过去分词用于连接整个英语句子。因此,无论英语句子看起来多么复杂,它们都不一定那么复杂。中文是一种意合语言,它注重隐含的连贯性。因此,有必要简化原文的复杂性,化长为短。译文根据汉语句法结构的特点,将句子的英文翻译分为三个句子,层次分明,组织清晰。

⑪ Power engineering equipment company and industrial engineering equipment company having presented written or oral statements or both shall be permitted to comment on the statements made by other supervision agency in the form, to the extent, and within the time limits which the Court shall decide in each particular case.

译文:已经发表书面或口头声明的电力工程设备公司和工业工程设备公司应在法院对于每一具体案例所规定的形式、程度和时间限度内对监理机构发表的声明进行回应。

原文主句为"Power engineering equipment company and industrial engineering equipment company … shall be permitted to comment on the statements … ",其中主语受"having presented written or oral statements or both"修饰,宾语后接修饰语"made by other … each particular case",其中"limits"又受定语从句"which the Court … case"修饰。原句中出现分词词组、介词、连词等关联词,体现了英语重形合的特点。汉语译文则完全摆脱了原文句式束缚,按照事情的发展顺序逐一交代,并没有使用过多的连接词。

通常来说,英语表达更加注重形合,在英语表达中,广泛使用关联词语和连接词语是其一大特点,整体而言语序变化更加灵活。相比较而言,汉语则更加注重意合,在汉语表达中,语序往往能够决定不同句子成分之间的逻辑、因果关系或事情发生的先后顺序,整体而言语序比较固定。因此,在现代翻译中,形合与意合的理解往往起到非常重要的作用。但有时仅仅考虑"形合"和"意合"还不足以解决翻译中遇到的问题,在英语表达中,由于"形合"因素的影响,可以通过各种连接词或关系词将后发生的事情先表达出来,而将之前发生的事情放到之后去表达,一样可先叙说事情发生的结果再陈述事情发生的原因;而汉语更加习惯于按事情发生的时间顺序、因果逻辑等顺序来组织、串联句子,先叙说原因,再表明结果,先说之前发生的事情,再说之后发生的事情,这样,在汉语表达中即使不用任何连接词,也可以将所要陈述的事实交代得足够清楚。因而,工程技术英语形合句在汉译时,我们经常要打破原句的语序,既要做到很好地照顾英文的"形合"习惯,同时更要注意按照汉语的造句规律在结构上进行语义顺序的重新优化,重组译文。

二、英语前重心，汉语后重心

所谓"前后重心"是指句子的重要信息置前还是置后。较汉语而言，英语表达相对比较直接，往往是直奔主题，不拐弯抹角，结论首先阐明，接下来是陈述事实、论证等，也可理解为"先结果后原因"，在日常表达中，英语更侧重于"直抒胸臆"，干脆、直接地表达观点、情感、意见和态度，不喜欢暗示或者绕个弯来叙事。因此英语表达中，习惯于把重要信息置于前面，即"重心在前"；汉语则恰恰相反，汉语更注意"按部就班"或"由浅入深"，往往按照事情发展的各种顺序，从事实到最终的结论或从因到果来表达观点，通俗意义上讲，就是为"先因后果"，即"重心在后"。

在工程技术英语中，一般主句为重要信息，从句为次要信息。主句往往置于从句之前，即重心在前。而汉语一般按照逻辑和时间顺序，将重要信息放在后面，即重心在后。例如：

① Many man-made substances are replacing certain natural materials because either the quantity of the natural products can not meet our ever-increasing requirement, or more often, because the physical property of the synthetic substance, which is the common name for man-made materials, have been chosen, and even emphasized, so that it would be of the greatest use in the fields in which it is to be applied.

译文：人造材料通称为合成材料。许多人造材料正在代替某些天然材料，这或者是由于天然物产的数量不能满足人们日益增长的需要，或者往往是由于人们选择了合成材料的一些物理特征并加以突出而造成的。因此，合成材料在拟用的领域里将具有极大的用途。

② It was a keen disappointment when I had to postpone the visit which I intended to pay to China National Machinery & Equipment Corporation in January.

译文：我原打算在一月份参观中国机械设备总公司，可是后来不得不推迟行程，这让我感到特别失望。

对比上述例句中英语原文和汉语译文，可以看出英汉两种语言在叙述同一件事情时语序差异很大。在英语表达中，很明显，结论放在前面，即"it was a keen disappointment"放在句首，然后再陆续陈述各种令人失望的原因，句子的重心在句首。而汉语则恰恰相反，先描述各种各样的事实，"我原打算在一月份访问中国机械设备总公司，可是后来不得不推迟行程"，最后得出结论"这让我感到特别失望"，句子重心放在句末。因此，在今后的工程英语翻译中，涉及这一类型的语句时，我们需要注意调整译文的语序，使之更好地符合语言习惯。另外，也有部分译文为："令我感到失望的是我原本打算在一月份参观中国机械设备总公司，可是后来不得不推迟行程。"

③ The fair trade is out of the question only if there consistently exists trade barriers in human.

　　译文:如果贸易壁垒无止,公平交易则无望。

当句子同时具有叙述部分和陈述部分(陈述部分是相对于叙述部分的重要信息)时,英语通常会首先表达一种态度或观点,然后陈述发生了什么。汉语则通常会先清楚地陈述事物或情况,最后给出简短的表达或评论。例如:

④ It is of great help to master an engineering technical terms.

　　译文:精通工程技术术语是大有裨益的。

三、英语多用被动语态,而汉语则较少用

工程类文体强调叙事推理,言语准确客观,因此,在工程技术英语中常使用被动语态来表明所述内容的客观性,避免代入主观色彩。据统计,工程技术英语中的谓语有三分之一是被动语态。因此,要想准确传达原文含义,就必须正确理解工程技术英语中的被动语态。一般来说,可以将其概括为以下几点:

其一,由于科技文体的客观性和理论性,因此很少采用第一人称和第二人称等带有强烈个人情感色彩的说法,例如:"I think""I believe"等。

① Interest in these questions has been stimulated by the recent discovery by Anthony etc. Of a 50% "enhancement" in the thermal conductivity of synthetic diamond when the isotopic impurity was decreased by a factor of 15.

　　译文:Anthony 等人最近发现,当同位素杂质减少到 1/15 时,人造金刚石的热导率"提高"了 50%,由此引起了人们极大的兴趣。

该句以具体的事物为主语,而不是第一、第二人称,这表明作者避免了主观夸大,强调了客观事实。同时,它也符合工程技术英语文本的风格特征。

其二,被动语态可以使文中重要信息前置,行文简洁流畅。中文的语言习惯是把最重要的成分放在后面说,但英文恰恰相反,就是要把主要内容全部表达清楚再表达其他成分。在英文表达中,可利用被动语态把最重要的成分置于句首,这样就起到了强调的作用。

② The role of isotopes as phonon scatters with a resulting influence on the thermal conductivity K was first considered theoretically by Pomeranchuk in 1942.

　　译文:1942 年,波美兰丘克首次从理论上考虑了同位素作为声子散射体对热导率 K 的影响。

该句句首强调了重要信息,避免了"反客为主",使读者能够快速准确地获取重要信息,符合工程技术英语的语言风格。

其三,被动语态句式结构明晰,使文章总体结构更加连贯紧凑。工程技术文本的文体特征在于行文简洁明了、表述客观准确、信息量较大、重在强调客观事实。所以译者在运用语言时,应尽量切合这一文体要求,而英文中的被动语态也具有这样的特点。

③ The thermal conductivity K was obtained from using the well-known specific heat C of diamond and the measured density, which was assumed constant over our limited temperature range.

    译文:热导率 K 通过众所周知的钻石比热容和实测密度获得,这些因素在我们极限温度区间内保持稳定。

该句包括了两个被动语态句子,由连词"and"连接。如果将第二个被动句更改为主动句,则需要添加一个主语,这样看来,很容易在句子中加上主观色彩,而句子的重点强调的并不是施动者。被动语态巧妙地解决了这个问题,使风格流畅自然。因此,工程技术英语中使用被动语态可以使文章更加简洁、客观和清晰。

四、英语表达的静态性和汉语表达的动态性

作为一种静态语言,英语往往会使用于大量抽象名词、形容词和名词化结构。在句子中,英语主句仅允许一个谓词动词,其余的应转换为非谓词成分或从句中的谓语。通俗意义上来说,英语的语言结构是枝叶类型,主语是主干,其他非谓语结构和从句则像分枝和叶子。汉语是一种动态语言,它习惯于通过动词和形容词表达含义,通常使用短句子,很少使用连词,句子结构是竹节类型。多个短句子只能用逗号连接,一个句子可以有多个谓词动词。与汉语相比,英语使用了更多更长的复杂句子来描述科学事实和现象。在工程技术英语中,对客观事物、现象的描述必须更加严谨、精确,这往往使句子产生较多的修饰和限定成分。

① As I begin, I thank front-line engineers and technicians for their service and hard work. And thank support stuff for a continuous dedication.

    译文:首先,我要感谢一线的工程技术人员的服务和辛勤工作,还要感谢后勤保障人员持续的付出。

该句翻译中将英语的介词转换成了汉语的动词。英语中的大多数介词都具有动态含义。根据句子处理的需要,我们经常将英语介词结构转换为汉语动词结构。显然,原句中的两个"for"结构都是名词性结构,但是当我们将它们翻译成汉语时,它们都被转换成动词结构,这符合加强汉语动态表达的习惯。英语中使用介词结构的直接原因是动词可以被名词化,"动词"可以变成"静态",不仅保留了动词的含义,而且使单词和句子简洁、客观、紧凑。

② The sight and sound of our jet planes filled me with special longing.

    译文:看到我们的喷气式飞机,听到隆隆的机声,令我特别神往。

该句中将含有动作意味的名词"sight"和"sound"自然转换成动词词组"看到我们的喷气式飞机"和"听到隆隆的机声"。

③ The international energy market is now suffering the serial turmoil and the domestic situation of energy conservation and emission reduction is relatively tough. Faced with severe conditions at home and abroad，it is necessary for China to adjust its energy structure and realize energy self-sufficiency in the domestic market to independently ensure the energy security.

译文：国际能源市场动荡不断，国内节能减排形势严峻。面对"内忧外患"，中国必须"调整能源结构、立足国内自给"，将能源安全牢牢掌握在自己手中。

该句中汉语动词频繁使用增强了汉语的动态性；英语偏静态，大量使用名词化结构以显示权威性和科学性。如将名词词组"the serial turmoil"译为"动荡不断"，动词"energy conservation and emission reduction"翻译为"节能减排"，符合中文表达习惯。

五、英语的主语性和汉语的主题性

1976 年，语言学家查尔斯(Charles)和桑德拉·汤普森(Sandra Thompson)基于主题和主题相结合的理论，将语言类型分为主题突出语言、主语突出语言、主题和主语均突出的语言、主题和主语均非突出语言。按照这种分类，英语属于主语—突出语言(SPL)，汉语属于主题突出语言(TPL)。一般来说，英语句子的开头是一个主语，可以分为四种类型：主体、受体、主语和形式(即形式主语)，并且不能省略。有时，为了表达语义关系，句子的开头部分甚至需要创建一个形式主语，例如，"it""there"等。主要动词，即谓语部分，也是英语中必不可少的部分，从而构成了句子的核心结构：主谓结构，进行语言衔接和语义连贯，并逐步发展。根据上下文暂时保留含义，信息流不断发展和推进，最终形成具有完整意义的语篇。由于英语本身具有明显的衔接特征，因此主语具有很强的识别力，英语需要通过动词屈折来保持主语谓语的一致性。在汉语表达中，主语可以为空(不可见主语)，并且可以从上下文中推断出主题语，不需要通过语法手段使主体谓语在人称、数量、性别和素质上保持一致。在汉语中，通常在句子的开头提出一个话题，话题的主题范围不受限制，主题注释用于说明它。换句话说，根据事件的时间或逻辑顺序，子句和短句的并行结构用于解释事件的原因和后果。根据英汉的特点，有必要将英语的主谓结构转换为汉语的主题陈述结构。在这一点上，我们不能错误地将"等效翻译原则"理解为形式和含义上的完全等同或两种语言结构之间的公式等同以及翻译中对主题结构一致的盲目追求。"等效翻译原则"应追求效果的对等，形式和内容的变化与不变之间的矛盾实际上只能在效果上追求统一。

(一) 主语—主题对应式(Subject vs. Topic)

"主语—主题"相关的翻译方法是指将英语原文句中的主题转换为汉语句子中的主题

形式。在 SVO 结构中，这种转换形式是最常见的。使用此转换的第一步是提取源语言句子的主语，将其放置在目标句子的开头作为目标句子的主题，然后将与该主题相关的其他句子成分转换为对主题的描述，并按逻辑顺序排列它们。在翻译过程中，应注意英语句子中信息块之间的关系，而不仅限于单词、词组和部分小分句的句法位置，而且不需要按照句法成分的相应顺序进行翻译。在"主语—主题"对应模式中，仅需要分析主题和主题的对应部分。

① The domestic pig (Sus scrofa)[主语]is a eutherian mammal[谓语 1]and a member of the Cetartiodactyla order[谓语 2]，a clade distinct from rodent and primates[谓语 3]，that last shared a common ancestor with humans between 79 and 97 million years ago[定从].

原译：家猪（杜洛克猪）是真哺乳亚纲哺乳动物，也是一种鲸偶蹄目，是不同于啮齿类动物和灵长类动物的一个分支，在 79—97 百万年前与人类拥有共同祖先。

改译：家猪（杜洛克猪）[主语—主题]，一种真哺乳亚纲动物，属于鲸偶蹄目，是不同于啮齿类和灵长类动物的一个分支，在 7900—9700 万年前与人类拥有共同祖先。

原文的结构是典型的英语主语结构。"家猪"是该句的主语。以下结构包含三个谓词和一个定语从句。原译中采用了原义翻译和顺序翻译，仍保留了英语句子的原始主语结构，但是翻译中出现多个"是"，影响阅读，且与汉语口语风格不符。改译中用"家猪"为译文句子的主题，并置于句子的开头；原文中的谓语元素按逻辑顺序排列为叙述部分。

② Another gene[主语]，ITPR3[同位语]，encoding a receptor for inositol triphosphate and a calcium channel involved in the perception of umami and sweet tastes[定语]，has been affected[谓语]by the insertion of several porcine-specific SINE mobile elements into its 39 untranslated region[状语]，consistent with our observation of a higher density of transposable elements in EBRs[补语].

原译：另一个叫 ITPR3 的基因，编码了参与鲜味和甜味感知的肌醇三磷酸和钙管道受体，受到了 39 个非翻译区中数个猪特异性的 SINE 移动元素的嵌入的影响，与我们观察到 EBRs 里转座因子密度更高的情况相一致。

改译：另一个基因[主语—主题 1]，ITPR3，编码了参与鲜味和甜味感知的肌醇三磷酸和钙管道受体，受到了多个猪特异性 SINE 移动因子插入该基因 39 号非翻译区的影响，这与我们观察到 EBRs 里转座因子密度更高的情况相一致。

原文属于主语结构，所有句子均围绕"another gene"展开。原译中将英语句子成分严格翻译成相应的汉语句子成分，尽管在意义的表达上没有问题，但是翻译的痕迹太过明显。改译中提取"another gene"作为句子的主题 1，并提取"ITPR3"作为主题 2，根据逻辑关系，将以下定语和谓词翻译为问题 1 和问题 2。在原文中，句子结尾的补语部分是对先前现象的补充说明,英语句子的结构紧凑且合乎逻辑,但是汉语句子的结构相对松散。因此,在工程技术英语翻译过程中,我们需要找到保持语义一致性的方法。

(二) 非主语—主题对应式(Nonsubject vs. Topic)

"非主语—主题对应"的翻译转换方法是指将原始英语文本中除主题之外的其他成分转换为汉语译文中的主题。这种翻译转换方法在 SVO 语句结构中很常见。这样,翻译人员首先需要识别源语言中每个成分的描述内容,然后将描述项提取到句子开头的位置以使其成为汉语句子的主题,然后依次将述题展开。主题句子的顺序符合逻辑,而不仅限于语法逻辑。例如:

① Using a branch-site analysis[状语],we[主语]detected accelerated evolution of amino acids[谓语]in PRSS12, CD1D and TRAF3[状语 1]specific to pig[定语 1](positive selection on pig branch),as well as amino acids in TREM1,IL1B and SCARA5[状语 2]specific to pig and cow[定语 2](positive selection on the cetartiodactyl branch).

原译:我们运用分支位点分析,发现了猪特有的 PRSS12、CD1D 和 TRAF3 中的氨基酸的加速进化(猪分支上的阳性选择),猪与牛特有的 TREM1,IL1B 和 SCARA5 中的氨基酸的加速进化(鲸偶蹄目分支上的阳性选择)。

改译:运用分支位点分析[状语—主题],我们发现了猪特有的 PRSS12、CD1D 和 TRAF3 中的氨基酸的加速进化(猪分支上的阳性选择),以及猪和牛特有的 TREM1、IL1B 和 SCARA5 中的氨基酸的加速进化(鲸偶蹄目分支上的阳性选择)。

英文原句中的方式状语位于句首,体现了原文对这种发现"方法"的强调突出,后面的内容都是我们利用这一方法的行为、发现。在翻译为汉语时,将方式状语"Using a branch-site analysis"置于句首转换为汉语的主题语,将"我们"的各种行为作为述题,依次展开,逻辑清晰,依旧保持了原文所要强调的内容,语义连贯。

第二节　工程技术英语句子结构特点及翻译

工程技术英语整体上属于工程技术英语范畴,整个句子崇尚严谨周密,概念准确,逻辑性强,行文简练,重点突出,句式严整,少有变化,常用前置性陈述,即在句中将主要信息前置,通过主语传递主要资讯。句子特点清晰、准确、精练、严密。那么,工程技术英语句子的语言结构特色在翻译过程中如何处理,这是进行英汉翻译时需要探讨的问题。

Cloning researchers aren't sure why the animals aren't normal. Some difficulties seem associated with the cloning process itself. A cell taken from adult tissue may possess all of the genes needed to make a completely new animal，but most of the genes have been turned off. When cloners take the genetic material from a skin cell and put it into unfertilized egg，the egg has to very quickly reprogram that material，so that all of the genes required for a new animal get turned back on. "It's remarkable that it occurs at all,"says Griffin,"It's not at all surprising that things might go wrong."

从这一工程技术文章段落不难看出,其语言风格与一般的文艺小说、新闻报道等迥然不同。具体特点如下:

一、大量使用名词化结构

工程技术类文体是以事实为基础论述客观事物。作者在遣词造句中要求客观地表达事物特性,避免主观意识,强调存在的事实,而非某一具体行为,而名词、名词性词组正是表物的词汇。所以,在普通英语中用动词等表示的内容,工程技术英语却惯用名词来表达,把原来的施动含义蕴藏在深层的结构里。由于大量使用名词,名词性词组也就必然要多用介词,从而构成较多的名词短语和名词化结构。它们以短语形式来表达相当于一个句子所要表示的内容。《当代英语语法》(A Grammar of Contemporary)在论述工程技术英语时提出,大量使用名词化结构(Nominalization)是工程技术英语的特点之一。因为工程技术文体要求行文简洁、表达客观、内容确切、信息量大、强调存在的事实。

① Triton is the only large moon in the solar system whose orbit is in the opposite direction of its parent planet's rotation.

译文:海卫是太阳系中唯一的一颗轨道与其母体行星的旋转方向相反的大卫星。

该句中"of its parent planet's rotation"系名词化结构,一方面简化了同位语从句,另一方强调"opposite direction"这一事实。

② The rotation of the earth on its own axis causes the change from day to night.

译文：地球绕轴自转，引起昼夜的变化。

名词化结构"the rotation of the earth on its own axis"使复合句简化成简单句，而且使表达的概念更加确切严密。

③ If you use firebricks round the walls of the boiler, the heat loss can be considerably reduced.

译文：炉壁采用耐火砖可大大降低热耗。

工程技术英语所表述的是客观规律，因之要尽量避免使用第一、二人称；此外，要使主要的信息置于句首。

④ Scientific exploration, the search for knowledge has given man the practice results of being able to shield himself from the calamities of nature and the calamities imposed by other man.

译文：对科学的探索和对知识的追求，人类获得了避免天灾人祸的实力。

该中包含十个名词（包括动名词），其中五个名词性词组（短语），却只有一个谓语动词和一个动词不定式。多用名词和少用动词，是英语的特点，在工程技术英语中更为突出。例句中"the search for knowledge"是名词化结构。所谓名词化结构，是指以动词名词化的词为中心词和其有内在逻辑关系的修饰语构成一个名词短语，它实际上是一个句子的压缩。

⑤ Although the method declined in importance with the development of the froth flotation process, it is now being increasingly used due to improved techniques and its relative simplicity compared with other methods.

译文：虽然重选法的重要性随着泡沫浮选的发展而有所下降，但是随着重选方法的改进，及其简易的方式，它却得到了越来越多的运用。

原文中的"importance with the development of the froth flotation process"是明显的名词化结构，而"froth flotation process"又是一个典型的名词连用结构，翻译时可采用减词法，将"process"这一抽象概念省去，译成汉语的四字结构"泡沫浮选"，既准确，又贴切。

⑥ The activity of a mineral surface in relation to flotation reagents in water depends on the forces which operate on that surface.

译文：在水中矿物表面与浮选药剂的反应活性取决于该物体表面的各种作用力。

原文中的"the activity of a mineral surface in relation to flotation reagents in water"是典型的名词化结构，翻译时可将某些抽象名词具体化，例如"activity"本意为"活动""运动"，如果将其译为"反应活性"则更加贴切。

⑦ Numerical control, however, offers more flexibility, lower tooling cost, quicker changes and less machine down-time.

译文：然而，数控技术更灵活，装配机床花费更少，更换更快，而且停机维修时间更短。

原文中用四个名词化结构强调客观事实，而译文将原文中描述数控优点的四个名词全部转换成了形容词，意思表达更加简洁、地道。

⑧ An important part of preliminary structural design is the selection of the structural system with consideration given to its relationship to construction economics.

译文：初步结构设计的一个重要部分是结构体系的体系，同时考虑它与建筑经济的关系。

句子中的"the selection of the structural system with consideration"就是利用名词化结构代替了动词所表达的内容。

二、广泛使用被动语句

根据英国利兹大学 John Swales 的统计，工程技术英语中的谓语至少三分之一是被动态。被动语态的广泛使用符合工程技术英语对客观性、紧凑性和连贯性的要求。首先，对工程技术材料的叙述和推理要求做到表达的客观性，而使用被动语态而不是主动语态有助于营造客观感；其次，在工程技术英语中，被动语态的使用有助于保持句子重心的突出；此外，被动语态的使用有助于突出工程技术文献的紧凑性和连贯性。例如：

① The Harry Diamond Laboratories performed early advanced development of the Arming Safety Device (ASD) for the Navy's 5-in guided projectile. The early advanced development was performed in two phrases. In phrase 1, the ASD was designed, and three prototypes were fabricated and tested in the laboratory. In phrase 2, the design was refined, 35 ASD's and a large number of explosive mockups were fabricated, and a series of qualification tests was performed. The qualification tests ranged from laboratory tests to drop tests and gun firing. The design was further refined during and following the qualification tests. The feasibility of the design was demonstrated.

译文：哈里·代蒙德实验室对美海军 5 英寸制导炮弹的解除保险装置 (ASD)进行了预研。预研工作分两个阶段进行。第一阶段，先设计出 ASD，并试制三个样件在实验室进行试验；第二阶段，对原设计进行改进并制造出 35 个 ASD 和大量的爆炸模型，接着进行了一系列鉴定试验。试验包括实验室试验、落锤试验和火炮射击试验。在试验期间和试验结束后，又对设计做了进一步的改进。设计方案的可行性已经得到证明。

此段叙述中,被动语态一共被使用了八次之多,大量使用被动语态不仅突出了本文的主要内容,而且也创造了整个篇章的客观性、紧凑性和连贯性。

② Attention must be paid to the working temperature of the machine.

译文:应当注意机器的工作温度。

上述句意很少被表达为"You must pay attention to the working temperature of the machine."(你们必须注意机器的工作温度)。此外,如前所述,工程技术文章将主要资讯前置,放在主语部分。这也是广泛使用被动态的主要原因。

③ We can store electrical energy in two metal plates separated by an insulating medium. We call such a device a capacitor, or a condenser, and its ability to store electrical energy capacitance. It is measured in farads.

译文:电能可储存在由一绝缘介质隔开的两块金属极板内。这样的装置称之为电容器,其储存电能的能力称为电容。电容的测量单位是法拉。

三、广泛使用非限定动词

非谓语动词通常有三种形式,即 to 不定式、现在分词或过去分词,不受主语、时态、语气、数字、性别、人称等范畴的限制,同时起着名词、形容词或副词作用。如前所述,工程技术文章要求行文简练,结构紧凑,为此,往往使用分词短语代替定语从句或状语从句;使用分词独立结构代替状语从句或并列分句;使用不定式短语代替各种从句;使用介词+动名词短语代替定语从句或状语从句。这样可缩短句子,又比较醒目。例如:

① A direct current is a current flowing always in the same direction.

译文:直流电是一种总是沿同一方向流动的电流。

② Radiating from the earth, heat causes air currents to rise.

译文:热量由地球辐射出来时,使得气流上升。

③ A body can more uniformly and in a straight line, there being no cause to change that motion.

译文:如果没有改变物体运动的原因,那么物体将做匀速直线运动。

④ Vibrating objects produce sound waves, each vibration producing one sound wave.

译文:振动着的物体产生声波,每一次振动产生一个声波。

⑤ In communications, the problem of electronics is how to convey information from one place to another.

译文:在通信系统中,电子学要解决的问题是如何把信息从一个地方传递到另一个地方。

⑥ Materials to be used for structural purposes are chosen so as to behave elastically in the environmental conditions.

译文：结构材料的选择标准应是其在外界环境中保持弹性。

⑦ There are different ways of changing energy from one form into another.

译文：将能量从一种形式转变成另一种形式有各种不同的方法。

⑧ In making the radio waves correspond to each sound in turn, messages are carried from a broadcasting station to a receiving set.

译文：在无线电波依次对每一个声音做出相应变化时，信息就由广播电台传递到接收机。

⑨ Normally, these particles are the result of the weathering (disintegration) of rocks and of the decay of vegetation. Even a cycle of rock disintegrating to form soil, soil being consolidated to form rock, rock disintegrating to form soil and so on, may occur in nature over geologic period of time ... but, as a general rule, if material can be removed without blasting, it might be considered as "soil"; whereas, if blasting is required, it might be considered as "rock".

译文：通常，这些微粒是岩石风化（碎化）和植被腐烂的结果。即使是岩石风化形成土壤，土壤固结形成岩石，岩石风化又形成土壤这一循环也可能出现在地质时代的自然界……但是，如果不进行爆破就能将物质移走，则可将其视为"土壤"；而如果需要爆破，则可将其视为"岩石"。

事实上，广泛使用表示动作或状态的抽象名词或起名词功用的非限定动词也是名词化结构的表现形式，上述例句中的抽象名词或非限定动词即具有名词化倾向。

四、广泛使用后置定语

由于工程技术类文献的严谨性要求，后置定语在工程技术英语中使用较多。一般而言，工程技术英语语句中的后置定语的使用可以通过以下五种结构来实现：

（一）介词短语

① The forces due to friction are called frictional forces.

译文：由于摩擦而产生的力称为摩擦力。

② A call for engineering literature is now being issued.

译文：征集工程技术文献的通知现正陆续发出。

(二）形容词及形容词短语

① In this factory the only fuel available is coal.

译文：该厂唯一可用的燃料是煤。

② In radiation，thermal energy is transformed into radiant energy，similar in nature to light.

译文：热能在辐射时，转换成性质与光相似的辐射能。

(三）副词

① The air outside pressed the side in.

译文：外面的空气将桶壁压得凹进去了。

② The force upward equals the force downward so that the balloon stays at the level.

译文：向上的力与向下的力相等，所以气球就保持在这一高度。

(四）单个分词，但仍保持较强的动词意义

① The results obtained must be cheeked.

译文：获得的结果必须加以校核。

② The heat produced is equal to the electrical energy wasted.

译文：产生的热量等于浪费了的电能。

五、工程技术英语常用的特定句型

工程技术文章中经常使用若干特定的句型，从而形成工程技术文体区别于其他文体的标志，例如"It ... that ... "结构句型、动态结构句型、分词短语结构句型、省略句结构句型等。

① The switching time of the new-type transistor is shortened three times.

译文：新型晶体管的开关时间缩短了三分之二。（或缩短为三分之一）

② This steel alloy is believed to be the best available here.

译文：人们认为这种合金钢是这里能提供的最好的合金钢。

③ Electromagnetic waves travel at the same speed as light.

译文：电磁波传送的速度和光速相同。

④ Microcomputers are very small in size，as is shown in Fig. 5.

译文：如图 5 所示，微型计算机体积很小。

⑤ In water sound travels nearly five times as fast as in air.

译文：声音在水中的传播速度几乎是在空气中传播速度的五倍。

⑥ Compared with hydrogen，oxygen is nearly 16 times as heavy.

译文：氧与氢比较，重量大约是它的十六倍。

⑦ The resistance being very high，the current in the circuit was low.

译文：由于电阻很大，电路中通过的电流就小。

⑧ Ice keeps the same temperature while melting.

译文：冰在溶化时，其温度保持不变。

⑨ An object，once in motion，will keep on moving because of its inertia.

译文：物体一旦运动，就会因惯性而持续运动。

⑩ All substances，whether gaseous，liquid or solid，are made of atoms.

译文：一切物质，不论是气态、液态，还是固态，都由原子组成。

六、广泛使用长句

工程技术英语为了明确陈述有关事物的内在特性和相互联系，常须采用包含有许多子句的复杂句或包含有许多附加成分（定语、状语等）的简单句。长达数行、数十行，包含几十个乃至上百个单词的句子，在工程技术英语文章中屡见不鲜，在标准、规范和专利说明书中尤其多见。这种长句往往包含若干个从句和非谓语动词短语，而这些从句和短语又往往互相制约、互相依附，从而形成从句中有短语、短语中带从句的复杂语言现象。究其原因，科学技术是研究外界事物发展过程、演变规律及其应用的学问，而这一切事物又是处在相互关联、相互制约的矛盾运动之中。为了准确、详尽地表示事物之间的因果、条件、依附、伴随和对比等关系，就需要严密的逻辑思维。这种思维的内容见诸语言形式，就容易形成包含有大量信息的、盘根错节的、枝叶横生的长难句了。根据上海交通大学公布的 1.07 亿个语料库的统计，工程技术英语句子的平均长度为 21.4 个单词，其中 40 个以上的占6.3%，少于 7 个的占 7 个（包括 7 个单词）只有 8.77%，有的长句多达七八个词。

① With the advent of the space shuttle, it will be possible to put an orbiting solar power plant in stationary orbit 24，000 miles from the earth that would collect solar energy almost continuously and convert this energy either directly to electricity via photovoltaic cells or indirectly with flat plate or focused collectors that would boil a carrying medium to produce steam that would drive a turbine that then in turn would generate electricity.

译文：随着航天飞机的出现，将有可能在离地球 24 000 英里的固定轨道上安装一座轨道太阳能发电厂,它几乎可以连续收集太阳能,并通过光伏电池直接将太阳能转化为电能,或者间接通过平板或聚焦集热器里一种产生蒸汽的载流介质,它将驱动涡轮机,然后反过来产生电能。

这个长句子包含一个介词短语,其中以"航天飞机的出现"作为副词,而无限短语则将"太阳能发电厂"作为真正的主题,涵盖了四个环绕的定语从句来修饰,复杂的长句结构表达了一个特殊的太阳能发电厂的复杂情况。

② The efforts that have been made to explain optical phenomena by means of the hypothesis of a medium having the same physical character as an elastic solid body led, in the first instance, to the understanding of a concrete example of a medium which can transmit transverse vibrations, and at a later stage to the definite conclusion that there is no luminiferous medium having the physical character assumed in the hypothesis.

译文:为了解释光学现象,人们曾试图假定有一种具有与弹性固体相同的物理性质的介质。这种尝试的结果,最初曾使人们了解到一种能传输横向振动的具体例子,而后当得出具有上述假定中那种物理性质的发光介质。

③ Gas may be defined as a substance which remains homogeneous, and the volume of which increases without limit, when the pressure on it continuously reduced, the temperature being maintained constant.

译文:气体是一种始终处于均匀状态的物质,当温度保持不变,而其所受的压力不断降低时,它的体积可以无限增大。

本句不长,但包含两个定语从句,一个状语从句。

④ One of the most important things which the economic theories can contribute to the management science is building analytical models which help in recognising the structure of managerial problem, eliminating the minor details which might obstruct decision-making, and concentrating on the main issues.

译文:经济理论对于管理科学的最重要贡献之一,就是分析模型的建立,这种模型有助于认识管理问题的构成,排除可能妨碍决策的次要因素,从而有助于集中精力去解决主要的问题。

七、大量使用专业术语

工程技术语句要求概念准确清楚,避免含混不清和一词多义,因此使用较多的工程技术词汇,其来源主要分三类。

第一类词来源于英语中的普通词,但被赋予了新的词义。例如:

Work is the transfer of energy expressed as the product of a force and the distance through which its point of application moves in the direction of the force.

该句中的"work""energy""product""force"都是从普通词汇中借来的物理学术语。"work"的意思不是"工作",而是"功";"energy"的意思不是"活力"而是"能";"product"的意思不是"产品"而是"乘积";"force"的意思不是"力量"而是"力"。

第二类科技词是从希腊或拉丁语中吸收过来的,例如,"therm"热(希腊语)、"thesis"论文(希腊语)、"parameter"参数(拉丁语)以及"radius"半径(拉丁语)。

第三类是新造词。每当出现新的科学技术现象时,人们都要通过词汇把它表示出来,这就需要构成新的词汇。

八、广泛使用复合词与缩略词

大量使用复合词与缩略词是工程技术句型的特点之一,复合词从过去的双词组合发展到多词组合;缩略词趋向于任意构词,例如某一篇论文的作者可以就仅在该文中使用的术语组成缩略词,这给翻译工作带来一定的困难。例如:

full-enclosed 全封闭的(双词合成形容词)

feed-back 反馈(双词合成名词)

work-harden 加工硬化(双词合成词)

criss-cross 交叉着(双词合成副词)

on-and-off-the-road 路面越野两用的(多词合成形容词)

anti-armoured-fighting-vehicle-missile 反装甲车导弹(多词合成名词)

radio photography 无线电传真(无连字符复合词)

colorimeter 色度计(无连字符复合词)

maths (mathematics)数学(裁减式缩略词)

lab (laboratory) 实验室

ft (foot/feet)英尺

cpd (compound) 化合物

FM(frequency modulation)调频(用首字母组成的缩略词)

P. S. I. (pounds per square inch)磅/英寸

SCR(silicon controlled rectifier)可控硅整流器

TELESAT(telecommunications satellite)通信卫星(混成法构成的缩略词)

第三节　工程技术英语长句特点及翻译

　　任何从事工程技术英语翻译的人都受困于这样的体验：专业英语的长句翻译。太多的从句、太多的专有名词、太多的专属条款需要进行翻译处理。如何在工程英语翻译过程中厘清句子成分之间的关系，弄清楚原文想要确切表达的意义对我们来说是一个很大的挑战。因此，如果要正确处理工程英语中的长句问题，我们必须从语法结构层面培养分析句子成分的能力，将复杂的句子变成简单的成分，找出主要思想，这样长句的翻译问题将迎刃而解。

　　实际上，尽管一些英语句子很长，但它们是从基本结构扩展而来的。不管长句多么复杂，它们都应遵循语法规则。一旦我们能够正确地分析和理解语法结构，就意味着任何长句都可以正确处理。因此，在翻译专业英语的长句时，务必要弄清句子的句法结构。首先，分析要翻译的句子是简单句子还是复合句子，然后弄清楚每个结构层的核心含义是什么，谓语结构、非谓语动词和介词短语的含义是什么。其次，找出句子的主要组成，如主谓动词，区分宾语、状语修饰语等。最后，弄清主要成分与修饰语之间的逻辑关系，例如因果关系或时序。它是什么样的从句，这个状语修饰语的目的是什么，其前身在哪里，它被修饰的是哪个，是否有一个括号，它与哪个括号相连等等。这种基于语法结构的分析方法对翻译工程技术英语长句子非常必要。另外，在长句翻译过程中，应尝试使用顺序翻译、逆向翻译、分块法、可变序列法、插值法、重组法等不同的方法。

一、工程技术英语长句的特点

　　长句在工程技术文本中使用频率很高，因为长句可以表达多重紧密相关的概念。长句通常由许多表达不同含义的相互关联的概念组成，并且这些概念以各种方式连接在一起。英语长句的连接手段丰富多样，其中，句子和句子、主语从句和定语从句、句子和分词短语、主语从句和状语从句等均可以用来构成长句。长句的特点和优点是结构复杂，叙述准确，推理严格，层次清晰，语调连贯。不论是英文还是中文，长句的形成都有两个基本因素：一是有很多并列成分或从句；另一个是修饰语较多。这就是长句子难以翻译的根本原因。一方面，很难弄清带有许多修饰成分的长句的含义。另一方面，在翻译中很难厘清各种句子成分的关系和层次，容易出错。按照句子结构来说，长句可以分为简单句和复合句。在工程技术英语翻译实践中，复合句是最常出现的长句，而难于翻译的句子几乎都是复合句。一些复合句长达数行，句子成分极其复杂，分句和从句交叉出现。长句的翻译存在两个基本问题：一是英汉的语序差异，二是中英文表达方式的差异。表达方法的差异涉及更多复杂的问题，主要表现在论述逻辑或叙事逻辑的习惯和倾向上。但是，这些差异是由于说不同语言的人对科学概念的陈述不同造成的。例如，中文和英文之间对因果关系的理解是相同的,不过说英语的人首先会说结果或原因,而说中文的人则恰恰相反。总之,工程技术文体的长句通常具有深层含义。为了准确掌握句子的含义,取得更好的翻译效果,我们必须分析每个长句的深层结构。工程技术英语中,长句结构有三个主要的特点:大量使用名词化结构、常用先行词结构、平行结构的运用。

(一) 名词化结构的使用

夸克在 *A Grammar of Contemporary English* 一书中谈及英语复杂的语法结构时,指出名词化结构的大量使用是其一个主要的特点(Quirk,1973:27)。名词化结构并不是简单由动词转换而来的,它比动名词更复杂,常见的名词化结构有"前置成分＋中心词＋后置成分",即名词化了的词作中心词,加上前置或后置的修饰语来构成名词化结构。除此之外,各种短语也可以构成名词化结构。工程技术英语中有不少包含名词化结构的长句。名词化结构在丰富长句的信息量的同时,还可以保持长句语言的简洁严谨,使其语义更准确、逻辑更缜密。

The strength and serviceability of rotor blades of most wind turbines with horizontal axes can be analyzed on the basis of the contents of this Chapter.

译文:大部分水平轴风电机组风轮叶片的强度和适用性可在本章内容的基础上进行分析。

该句的主语是一个复合名词化结构,通过分析可以看出"of rotor blades of most wind turbines with horizontal axes"这个后置成分与中心词"strength and serviceability"共同构成名词化结构,并对中心语进行了限定和描述。翻译此类名词化结构,首先是要找出该结构的中心词,然后通过全句的逻辑关系或上下文来分析其修饰成分与中心词的关系。

(二) 先行词"it"结构的使用

在英语中,当读者关注的是事物及其运动变化而不是执行者时,倾向于用无人称句,这种情况在工程技术英语长句中尤其常见,例如,先行词"it"结构的使用。在工程技术英语长句中,通过"it"做形式主语,可以将较长的主语置于句末,即信息重心后置,从而使长句看上去更加协调,不会给人以头重脚轻的感觉。

It is recommended that rotor blades for wind turbines be tested together with their adjacent structures and so instrumented that the stress conditions of the bolted connections can also be determined.

译文:建议风电机组的风轮叶片和其邻近的结构一起试验和安装,这样也可确定螺栓连接的应力状态。

该例句由先行词"it"引导,例句中,风电标准所报道的主要是风电的行业标准或规律,并不强调是谁建议或推荐。因此,使用由先行词"it"做形式主语的结构,以表现出科学的客观性。

工程技术英语着重描述事物及变化过程,着重客观事实,而不是动作执行者。因此,"it"做主语的现象更为普遍,除了可以避免头重脚轻,还可以避免将"人"卷入,使句子的语气显得更为公正客观、有说服力。

(三)平行结构的使用

平行结构是"两个或两个以上密切相关的语言单位平行排列,其语法功能完全相同,结构对称"(方梦之,1999:206)。工程技术英语含有平行结构的长句出现频率很高。平行结构前后衔接,相互照应,能很好地表达复杂概念。如使用得当,可使长句表达更为凝练规范、工整对称,增加语言的连贯性。

The protection equipment shall ensure that in the event of a disconnection the energy stored in the components and the load circuit cannot have a damaging effect, that in the event of a failure of essential components the wind turbine is brought to a standstill in a controlled manner, and that damaged subsystems are switched off as selectively as possible.

译文:保护装置应保证电路断开时,储存在元件和负载电路中的能量不致产生破坏作用。重要元件失效时,通过控制方式使风电机组停机,并尽可能有选择地将损坏的子系统切断。

该例句包含了三个由"that"引导的宾语从句所构成的平行结构。乍读此句,读者颇觉复杂难懂。但是,在厘清其平行结构之后,会发现此句句式均匀,层次清晰,结构紧凑,清晰地表达了句中所要传达的意义。工程技术英语长句之所以多用平行结构,除了结构清晰,重点突出,方便阅读,还因为它能在保证大量信息传达的同时,体现出工程技术英语的表达缜密、正规严谨的特点。

二、常见的长句翻译方法

(一)顺译法

由于工程文本的特殊性,工程技术文本的翻译必须忠实于原始文本,准确地表达原始文本中包含的信息,避免译者的个人主观感受,简洁明了,同时注意术语的使用确保翻译的专业性。所谓"顺译法"(Synchronizing),就是按照原文的句子顺序将句子的每个成分对应翻译出来。一些工程技术英语长句的语法结构、词汇用法和修辞手段与汉语句子结构非常相似。翻译此类句子时,可以直接根据原始文本的单词顺序进行翻译,而无须进行任何重大的顺序调整。为了保留原始文本的样式并反映原始文本的含义,有必要遵循以下原则:译文应忠于原始文本并准确表达原始文本的含义。对于工程技术英语翻译,为了准确地传递科学信息并传播科学知识,应尽可能采用直译,以更好地体现翻译的真实性和连贯性,并确保翻译质量。根据英汉句子长度和紧致度的差异,并根据汉语表达方式,有必要决定对某些句子成分和表达采用单独翻译还是组合翻译的方法。另外,在翻译过程中,在组织语言时,还需考虑到英语重形合、汉语重意合的特点,根据具体情况添加或减少一些词语,用词意来衔接汉语译文的内部逻辑关系。此外,有必要弄清各种参照关系和被动语态的处理方法,并灵活地使用顺序翻译法以获得忠实而流畅的翻译。

① Validation is an engineering process by which the originator accomplishes all tasks required by a proposed change to ensure the modified items function as intended.

译文:验证是一个工程过程,发起者通过该过程完成建议变更所要求的所有任务,以确保修改后的项目按预期运行。

为了理解句子的含义并忠于原文,先进行断句并分析其成分。这句话的主语是"validation",句中出现的"which"引导性定语从句。在第一个"by"和"to"之前将句子断两次,理顺关系,句子的逻辑顺序显而易见。为了保留原文的风格并反映原文的含义,我们必须遵循目的性原则和忠实原则,准确地表达原文的目的。目的性原则要求翻译人员在翻译过程中阐明翻译的具体目的,以便有效地传递信息。忠实原则强调翻译应与原文保持一致,翻译的内容应客观地呈现原文的内容。因此,作者采用顺序翻译的方法来翻译这句话。翻译时,应根据原文的词序进行翻译,而无须进行大范围的调整。它使翻译符合中文的表达习惯,更简洁,使读者更容易接受。

② Record purpose changes and those which are originated by a depot and installed by the same depot or depot field team or are originated by a contractor and installed by the same contractor or contractor field team using an installation data package, are not required to be verified.

译文:记录目的变更由仓库发起并由同一个仓库或仓库现场小组安装,或由承包商发起并由同一个承包商或承包商现场小组使用安装数据包进行安装,这些变更及记录用途,不需验证。

本句最明显的特征之一是语句偏长且没有标点、停顿,修饰词很多,这使句子变得越来越复杂,让人很难确定句子的成分关系。句子的开头是一个由"which"引导的同位语从句,在从句中,由于表达的需要,主要由"by"和"or"组成的并列成分。经过分析,我们发现"which"修饰的是前面的"those",而"those"指的是后面提到的记录用途,"or"在句中均表示并列关系。在这种情况下,根据翻译目的性和连贯性原则,翻译人员必须在翻译过程中明确翻译的具体目的,并有效地传递信息。译者应注意目标读者对译文的可读性和可接受性。尽管句子长且结构复杂,但经过分析,可以看到整个句子的逻辑顺序。为了以一种连贯、完整的方式表达原文信息并促进读者的理解,作者认为最合适的方法是采用顺序翻译法。

③ When master drawings cannot be located or when master drawings are held by a contractor who refuses to modify them to reflect the design change, the RAMEC may be forwarded to COMNAVAIR SYSCOM HQ for approval only if the cognizant ISSC is prepared to create new drawings and to serve as the production source for the modified parts.

译文:当无法找到主图或当承包商拒绝修改主图来反映设计变更时,只有当认知国际船舶结构会议准备创建新图纸时才可以将快速行动小型工程更改转发给军航空系统司令部技术指令系统以供批准作为更改部件的生产来源。

该句很长,包含两个由"when"引导的状语从句,一个由"who"引导的定语从句和由"if"引导的条件状语从句。在对句子进行断句分析之后,由"who"来修饰"contractor","to"和"for"表目的,并将其翻译成"为"。可以看出,虽然句子长且结构复杂,但句子的逻辑清晰明了。为了确保该句子翻译的目的性和忠实性,在翻译过程中必须明确翻译的目的,并应有效地传达信息。译文应与原文一致,译文的内容应客观地呈现原文的内容。为了方便读者理解翻译后的译文,可以根据文本的逻辑进行翻译。

④ Pipelines are used for the transport of crude, refined petroleum and fuels, such as oil, natural gas and bio fuels, and other fluids including sewage, slurry, water and beer.

译文:管道不仅用于运输原油、成品油以及燃料,例如石油、天然气以及生物燃料,还可用于运输其他液体,包括污水、泥浆、水和啤酒。

该句原文共 29 个单词,其中第三个"and"起到连接前后成分的效果。全句没有复杂的语法结构,逻辑顺序十分清晰。"are used"表被动,翻译时应转化为主动状态,"for the transport of"为名词化结构,翻译时应将其转化为动宾结构。

⑤ The world is undergoing profound changes: the integration of economy with science and technology is increasing, the restructuring of the world economy is speeding up, and economic prosperity depends not only on the total volume of resources and capital, but also directly on the accumulation and application of technological knowledge and information.

译文:世界正在发生深刻的变化:经济与科学技术的结合与日俱增;世界经济的重组加快步伐;经济繁荣不仅仅取决于资源和资本的总量,而且直接有赖于技术知识和信息的积累及其应用。

(二) 逆译法

由于中、英两个民族的思维方式不同,在语言叙述方式上也会有很大的不同。通常来讲,汉语会按时间顺序进行表述,先发生的事情先说,后发生的事情后说;先说事情的原因,再说事情的结果;先说次要事情,再说主要事情。而英语习惯把主要事情放在句首表达以突出主要问题,把次要事情放在后面表达;先说结果,让人们对整个事情有个整体的认识,再说详细分析,即先结果、后分析。这就使得英语句子和汉语句子的逻辑顺序有了很大差异,甚至可能表达的顺序完全相反。

因此,当工程技术英语长句的叙述顺序与汉语的逻辑顺序相反时,翻译时可以采用"逆译法"(Reversing),按照汉语的表达习惯从原文的后面或者其他部分译起,对原文语序进行调整,甚至对其进行重新组合,使译文更加符合汉语表达习惯。例如:

① O-level or I-level compliance normally will not be assigned when EOS time will exceed 8 hours or if more than 10 man-hours per compliance action will be required.

译文 1:O 级或 I 级合规性通常不会被分配,当 EOS 时间超过 8 小时或每个合规行为需超过 10 个工时的时候。

译文 2:当电子订货操作系统时间超过 8 小时或每个合规行为需超过 10 个工时,通常不会分配 O 级或 I 级合规性。

本句共包含"when"引导的状语从句及"if"引导的条件状语从句,整句无停顿。经断句分析后,厘清了句子所表达目的,若采取顺序译法(如译文 1 所示),虽遵循了忠实性原则,但违背了目的论的目的性和连贯性,使得翻译后的文本既不流畅,也不符合正常表达习惯,不易被读者理解。故在本句中,为增强语句的连贯性和可读性,可以采用倒序译法(如译文 2 所示),调整翻译顺序,将句中的被动化主动,并在不影响原文含义的情况下,省略了原文中对"if"的翻译,更符合汉语表达习惯,以便于读者理解。

② Retrofit configuration changes to naval aviation systems including aircraft, engines, airborne weapons, airborne systems and system components, aircraft launch and recovery equipment, aviation SE and training systems shall be made only upon receipt of an approved TD, with the following exceptions.

译文:只有在收到经批准的技术指令后,才能对海军航空系统(包括飞机、发动机、机载武器、机载系统及系统部件、飞机发射及回收设备、航空战略执行系统及训练系统)进行配置更改,但以下情况除外。

尽管该句较为冗长,但句子逻辑清晰且易于理解。但是,如果按原始文本的顺序翻译,则很容易引起逻辑混乱,重点不明确,并使读者忽略主要条件。根据目的性和目的语的连贯性原则,为了突出句子的要点并清楚地表达其含义,可以采用倒译法。对"only"修饰的成分进行前置,以增强句子的连贯性并突出句子要表达的信息,以便目标语读者可以更清楚地掌握原始文本的要点。

③ Man-hours required, in addition to accomplishing the directed modification, will include work tasks such as gaining access to perform the work, and post-modification operational checks.

译文 1:所需的工时,除完成定向修改之外,将包括工作任务,例如获得执行工作的权限以及修改后的操作检查。

译文 2:除完成定向修改之外,所需的工时还将包括工作任务,例如获得执行工作的权限以及修改后的操作检查。

该句结构相对简单,逻辑顺序清晰。但是,英语和汉语在逻辑和表达习惯上存在差异。按照顺序方法进行翻译(译文 1)会使译文产生逻辑混乱,含义表达不明确,并增加理解负担。因此,可以采用反向翻译的方法来翻译此句子(译文 2)。通过比较,不难发现,第 2 种译文的逻辑关系和要点都更为清晰,符合目的性和连贯性原则,同时也符合目标语言读者的思维方式,便于读者理解。

④ Propane will convert from a gas to a liquid under a low pressure under 40 psi (280 k Pa) depending on the temperature, and is pumped into cars and trucks at less than 125 psi (860 k Pa) at retail stations.

译文 1:丙烷在低于 40 磅/平方英寸(280 千帕)的低压下根据温度条件由气体转化为液体。在加油站,丙烷可在 125 磅/平方英寸(860 千帕)以下的压力泵入汽车或者卡车。

译文 2:根据温度条件,丙烷在低于 40 磅/平方英寸(280 千帕)的低压下由气体转化为液体。在加油站,丙烷可在 125 磅/平方英寸(860 千帕)以下的压力泵入汽车或者卡车。

该句原文共 35 个单词,用"and"连接前后两部分,其中"depending on"作为条件状语,而表示条件时,汉语一般将条件部分放在句子前面。因此将"depending on temperature"放于译文句首,并将第二部分的被动句译主动句,符合中文表达习惯。

⑤ The distance to ship propane to markets will be much shorter as long as thousands of NGL processing plants are built in oilfields or close by, and a number of pipelines tie into each other from various relatively close fields.

译文 1:丙烷运至市场的距离将大大缩短,只要在油田及附近地区建设数千座天然气凝析液加工厂,且通向附近各油田的大量管道也相互连接。

译文 2:一旦在油田及附近地区建设数千座天然气凝析液加工厂,且通向附近各油田的大量管道也相互连接,那么丙烷运至市场的距离将大大缩短。

该句结构并不复杂,其中"as long as"表示条件。尽管译文 1 没有错误,但在汉语表达中,表示条件的部分通常在前面使用,而结论通常出现在后面,从而形成更严格的因果关系。因此相比之下,译文 2 更符合中文阅读习惯。

⑥ His delegation welcomed the fact that UNDP was prepared to respond to emergency needs as they rose, despite the basically long-term operations that characterized those programs.

译文:尽管联合国开发计划署的特点是开展长期业务活动,但是该机构也作了应急准备,对此,他的代表团表示欢迎。

⑦ This will remain true whether we are dealing with the application of psychology to advertising and political propaganda，or of engineering to the mass media of communication，or of medical science to the problem of overpopulation or old age.

译文：无论我们说的是把心理学应用于广告宣传和政治宣传，还是把工程学应用于大众传播媒体，或是把医学科学运用于解决人口过剩问题和老年问题，这种情况总是如此。

(三) 综合法

一些英语长句单独采用上述任何一种方法都不方便，这就需要我们采用"综合法"(Recasting)进行仔细分析，或按照时间的先后，或按照逻辑顺序，顺逆结合，主次分明地对全句进行综合处理，以便把英语原文翻译成通顺忠实的汉语句子。

① The ancient Romans transported water from higher elevations by building aqueducts in graduated segments that allowed gravity to push the water along to reach its destination，when they wanted to use it for living and other purposes two millennia ago.

译文 1：两千年前，古罗马人想将水用于生活以及其他目的时，他们便通过允许重力将水体推下顺流直到水体到达目的地这一分段建设引水渠的方式从高处运水。

译文 2：两千年前，古罗马人想将水用于生活以及其他目的时，他们便通过分段建设引水渠的方式从高处运水，这样水体就会凭借重力顺流而下，直至到达目的地。

该句原文共 40 个单词，其中"by … segments"表方式，"that"引导定语从句，修饰前面的"building aqueducts in graduated segments"。译文 1 采用了变序翻译的技巧，将表示时间的"when … two millennia ago"放于句首，并将"by"部分放于分句的前部，即"过……做某事"，符合汉语表达习惯。而定语从句部分译为前置定语，从译文 1 可见，其第二分句特别冗长，包含 36 个单词。相比之下，译文 2 使用了综合翻译法，包括变序法及拆译法两种技巧，将表示时间的"when … two millennia ago"放于句首，并将"that"部分拆分为两小句。此外，译文并未拘泥于原文"allowed … "的表述，译成"这样，水体就会……"。

② The accidents with respect to the delivery of highly toxic ammonia through long-distance pipelines are rare in modern society，although it is the most dangerous chemical substance which warrants much considerable care by all sides during the transportation.

译文 1：现今使用长输管道运输剧毒氨发生的事故少之又少，虽然该物品是运输途中需要各方格外小心的危险程度最高的化学物质。

译文 2：虽然剧毒氨是运输中危险程度最高的化学物质，需要各方格外小心，但是现今使用长输管道运输该物品发生的事故少之又少。

该句中,"although"表让步,"which"引导定语从句,整句话的逻辑顺序较为清楚。在英语中,"although"及"despite"等表示让步的句子既可放于开头,也可以用于句尾;而在汉语中,一般情况下会把表让步的部分置于前面。因此在本句的处理上使用了变序翻译法和拆分翻译法,将"which"引导的定语部分拆分为两个小句子,并将"although"部分提前,译文更加地道流畅。

③ Computer language may range from detailed low level close to that immediately understood by particular computer, to the sophisticated high level which can be rendered automatically acceptable to wide range of computers.

译文:计算机语言有低级的,也有高级的。前者比较烦琐,很接近于特定计算机直接能懂的语言;后者比较复杂,适应范围广,能自动为多种计算机所接受。

④ Up to the present time, throughout the eighteenth and nineteenth centuries, this new tendency placed the home in the immediate suburbs, but concentrated manufacturing activity, business relations, government, and pleasure in the centers of the cities.

译文:到目前为止,经历了18和19两个世纪,这种新的倾向是把住宅安排在城市的近郊,而把生产活动、商业往来、政府部门以及娱乐场所都集中在城市的中心地区。

三、长句分析及翻译实例

① Nevertheless, knowledge of the cancers is advancing in such way that it seems likely that some definite control may be achieved in the fairly near future; but only if research and application of research on cancer are carried out in a far more vigorous, orderly and scientific way than they are at present.

译文:然而,由于对癌症的认识在不断提高,因此在不远的将来,似乎能取得对其一定的控制方法。但是要真正实现这一目标,今后有关癌症的研究与应用则应更加积极、有序和科学。

该句中,分号出现在"future"之后的长句中,这意味着到目前为止它仍然是一个相对独立的思维单位。这一部分的句子结构应该从一开始就很明确,"knowledge … in such way"是主句,后接"that"引导的从句,并与前面的"such"相呼应;句中"it"是形式主语,由第二个"that"引导的状语从句是真正的主语。"but"连接两个平行叙述部分,后引导的后叙述部分实际上是一个复合句;"only if … "只是一个从句,主句实际上被省略了。此外,"if"引导的从句还包括一个以"than"引导的比较状语从句。这种比较句以"than"为指导,经常省略句子,整个句子应为"than the way they are carried out at present"。

② She recalled faintly an ecstasy of pain, the heavy odor of chloroform, a stupor which had deadened sensation, and an awakening to find a little new life to which she had given being, added to the great unnumbered multitude of souls that come and go.

译文:她模糊地回想起当时极度痛苦,想起了浓烈的三氯甲烷麻醉剂的气味;她记得自己失去了知觉,昏了过去,而醒来时发现自己又为来来往往的芸芸众生增添了一条小小的新生命。

该句结构相对较为复杂,因为谓词动词"recalled"后面跟着四个宾语;第三个宾语还包含一个定语从句,而第四个宾语包含两个定语从句"to which she had given being"和"added to the great … "。如果从语法层面理解整个句子结构,这个句子的意思往往是清晰易懂的。

③ In less than 30 year's time the Star Trek holodeck will be a reality. Direct links between the brain's nervous system and a computer will also create full sensory virtual environments, allowing virtual vacation like those in the film *Total Recall*.

There will be television chat shows hosted by robots, and cars with pollution monitors that will disable them when they offend. Children will play with dolls equipped with personality chips, computers with in-built personalities will be regarded as workmates rather than tools, relaxation will be in front of smell-television, and digital age will have arrived.

According to BT's futurologist, Ian Pearson, these are among the developments scheduled for the first few decades of the new millennium (a period of 1,000 years), when supercomputers will dramatically accelerate progress in all areas of life.

Pearson has pieced together to work of hundreds of researchers around the world to produce a unique millennium technology calendar that gives the latest dates when we can expect hundreds of key breakthroughs and discoveries to take place. Some of the biggest developments will be in medicine, including an extended life expectancy and dozens of artificial organs coming into use between now and 2040.

Pearson also predicts a breakthrough in computer human links. "By linking directly to our nervous system, computers could pick up what we feel and, hopefully, simulate feeling too so that we can start to develop full sensory environments, rather like the holidays in *Total Recall* or the Star Trek holodeck," he says. But that, Pearson points out, is only the start of man-machine integration: "It will be the beginning of the long process of integration that will ultimately lead to a fully electronic human before the end of the next century."

Through his research, Pearson is able to put dates to most of the breakthroughs that can be predicted. However，there are still no forecasts for when faster-than-light travel will be available，or when human cloning will be perfected，or when time travel will be possible. But he does expect social problems as a result of technological advances. A boom in neighborhood surveillance cameras will，for example，cause problems in 2010，while the arrival of synthetic lifelike robots will mean people may not be able to distinguish between their human friends and the droids. And home appliances will also become so smart that controlling and operating them will result in the breakout of a new psychological disorder—kitchen rage.

本文主要论述在不久的未来,人类和计算机之间的关系将取得新的突破,大脑神经系统和计算机系统之间的连接将给我们创造新的环境。部分长句分析如下:

There will be television chat shows hosted by robots，and cars with pollution monitors that will disable them when they offend.

译文:届时,将出现由机器人主持的电视访谈节目及装有污染监测器的汽车,一旦这些汽车污染超标(或违规),监测器就会使其停驶。

该句中的"that will disable them … "是定语从句,其先行词是"pollution monitors"(污染监控器),"when they offend … "是时间状语从句。

Children will play with dolls equipped with personality chips, computers with in-built personalities will be regarded as workmates rather than tools, relaxation will be in front of smell-television, and digital age will have arrived.

译文:儿童将与装有个性芯片的玩具娃娃玩耍,具有个性内置的计算机将被视为工作伙伴而不是工具,人们将在气味电视前休闲,到这时数字时代就来到了。

该句是由四个独立句构成的并列句,前三个句子都用一般将来时,最后一个句子用的是将来完成时,句子之间的关系通过时态、逗号和并列连词"and"表示得一清二楚。

Pearson has pieced together to work of hundreds of researchers around the world to produce a unique millennium technology calendar that gives the latest dates when we can expect hundreds of key breakthroughs and discoveries to take place.

译文:皮尔森汇集了世界各地数百位研究人员的成果,来编制出一个独特的技术千年历,这个台历列出了我们有望看到的数百项重大突破和发现的最近日期。

该句主语是"Pearson",谓语是"has pieced together",宾语是"work",其后用了介词"of hundreds of researchers"做后置定语,"hundreds of"固定短语修饰"researchers"。后

面"around the world"做后置定语,修饰前面的名词"researchers"。不定式"to produce a unique millennium technology calendar"做目的状语,后面"that"引导的是定语从句,修饰前面的先行词"calendar",而"when"引导的又是一个定语从句,修饰其前面的名词"dates",谓语动词"expect"后面接了两个并列名词"breakthroughs"和"discoveries"做并列宾语,不定式"to take place"做前面名词"discoveries"的后置定语。

And home appliances will also become so smart that controlling and operating them will result in the breakout of a new psychological disorder—kitchen rage.

译文:家用电器将也会变得如此智能化,以至于控制和操作这些电器将会引发一种新的心理疾病——厨房狂躁征。

该句的主干部分是"so ... that"连接的结果状语从句,在"that"后面的从句里,"controlling and operating them"是个动名词短语,充当句子的主语。谓语是"result in",宾语是"the breakout",后面是介词"of a new psychological disorder"做后置定语,破折号后面是个名词短语,做前面名词的补充说明。

④ It is not easy to talk about the role of the mass media in this overwhelmingly significant phase in European history. History and news become confused, and one's impressions tend to be a mixture of skepticism and optimism. Television is one of the means by which these feelings are created and conveyed—and perhaps never before has it served so much to connect different peoples and nations as in the recent events in Europe. The Europe that is now forming cannot be anything other than its peoples, their cultures and national identities. With this in mind we can begin to analyze the European television scene. In Europe, as elsewhere, multi-media groups have been increasingly successful: groups which bring together television, radio, newspapers, magazines and publishing houses that work in relation to one another. One Italian example would be the Berlusconi group, while abroad Maxwell and Murdoch come to mind.

Clearly, only the biggest and most flexible television companies are going to be able to compete in such a rich and hotly-contested market. This alone demonstrates that the television business is not an easy world to survive in, a fact underlined by statistics that show that out of eighty European television networks, no less than 50% took a loss in 1989.

Moreover, the integration of the European community will oblige television companies to cooperate more closely in terms of both production and distribution. Creating a "European identity" that respects the different cultures and traditions which go to make up the connecting fabric of the Old Continent is no easy task and demands a strategic choice that of producing programs in Europe for Europe. This entails reducing our dependence on the North American market, whose programs relate to experiences and cultural traditions which are different from our own.

In order to achieve these objectives, we must concentrate more on co-productions, the exchange of news, documentary services and training. This also involves the agreements between European countries for the creation of a European bank for Television Production which, on the model of the European Investments Bank, will handle the finances necessary for production costs. In dealing with a challenge on such a scale, it is no exaggeration to say "United we stand, divided we fall" and if I had to choose a slogan it would be "Unity in our diversity." A unity of objectives that nonetheless respect the varied peculiarities of each country.

本文主要论述了在欧洲一体化的大形势下,欧洲电视行业的发展现状以及应该采取的前进方向和应对措施。部分长句分析如下:

It is not easy to talk about the role of the mass media in this overwhelmingly significant phase in European history.

译文:在欧洲历史上的这个极其重要的阶段里,要谈论大众传媒的作用,绝非易事。

本句主干为"It is not easy to talk about the role","of the mass media"是介词短语作后置定语,修饰"role"。"in this overwhelmingly significant phase in European history"是介词短语做时间状语修饰主干;其中"in European history"是介词短语做后置定语,修饰"phase"。

Television is one of the means by which these feelings are created and conveyed—and perhaps never before has it served so much to connect different peoples and nations as in the recent events in Europe.

译文:电视是引发和传播这种感受的手段之一——在欧洲近来发生的事件中,它把不同的民族和国家连到一起,其作用之大,前所未有。

该句包括定语从句、倒装结构、并列结构等三个重要的语法结构。"by which"引导的从句是用来限定"one of the means"的。"never before"放在句首,所以使用倒装结构。

The Europe that is now forming cannot be anything other than its peoples, their cultures and national identities.

译文:目前正在形成的欧洲正是由各民族及其文化和民族认同构成的。

本句主干为"The Europe cannot be anything","that is now forming"是"that"引导的定语从句,修饰"Europe","other than its peoples, their cultures and national identities"是介词短语做比较状语,修饰主干。

This alone demonstrates that the television business is not an easy world to survive in, a fact underlined by statistics that show that out of eighty European television networks, no less than 50% took a loss in 1989.

译文:仅这一点就足以表明,要在电视行业生存下来并非易事。统计数据尤其说明这一事实,在80家欧洲电视网中,多达一半在1989年亏损。

Creating a "European identity" that respects the different cultures and traditions which go to make up the connecting fabric of the Old Continent is no easy task and demands a strategic choice—that of producing programs in Europe for Europe.

译文:不同的文化和传统把欧洲大陆编制成一体,要创造出一种尊重这些不同文化和传统的"欧洲品牌"绝非易事,需要人们做出战略性的选择,即选择在欧洲为欧洲做节目。

该句的主干是"Creating a 'European identity' is no easy task and demands a strategic choice",第一个"that"是定语从句的关系代词,引导定语从句来修饰European identity;而第二个"that"即"that of producing …",此处that是指示代词,指代前文出现过的名词"choice","which"引导定语从句修饰"different cultures and traditions"。

本章练习

一、请将下面句子翻译成中文，注意长句的译法。

1. Being able to receive information from any one of a large number of separate places, carry out the necessary calculations and give the answer or order to one or more of the same number of places scattered around a plant in a minute or two, or even in a few seconds, computers are ideal for automatic control in process industry.

_____

2. Upon reaching the surface, the heated liquid will spread laterally in all directions until it reaches the edges of the container, where it will be deflected downward to the bottom of the liquid layer, eventually to be drawn back towards the heat source.

_____

3. The development of rockets has made possible the achievement of speeds of several thousand miles per hour; and what is more important, it has brought within reach of these rockets heights far beyond those which can be reached by airplanes, and where there is little or no air resistance, and so it is much easier to obtain and to maintain such a speed.

_____

4. Behaviorists suggest that the child who is raised in an environment where there are many stimuli which develop his or her capacity for appropriate responses will experience greater intellectual development.

_____

5. The construction of such a satellite is now believed to be quite realizable, its realization being supported with all achievements of contemporary science, which have brought into being not only materials capable of withstanding severe stresses involved and high temperatures developed, but also new technological processes as well.

_____

6. When steel reaches this temperature—somewhere between 1,400 and 1,600 °F—the change is ideal to make for a hard, strong material if it is cooled quickly.

_____

7. The Josephson junction is a thin insulator separating two super conducting materials—metals that lose all electrical resistance at temperature near zero.

_____

8. Steel is usually made where the iron ore is melted, so that the modern

steelworks forms a complete unity, taking in raw materials and producing all types of cast iron and steel, both for sending to other works for further treatment, and as finished products such as joists.

9. Thus a volcano which forms on a moving plate above a plume will eventually move away from the rising column, which will then melt through at a new location and form another volcano, while the old volcano becomes extinct.

10. This kind of two-electrode tube consists of a tungsten filament, which gives off electrons when it is heated, and a plate toward which the electrons migrate when the field is in the right direction.

11. It is evident that a well lubricated bearing turns more easily than a dry one.

12. It seems that these two branches of science are mutually dependent and interacting.

13. It has been proved that induced voltage causes a current to flow in opposition to the force producing it.

14. It was not until the 19th century that heat was considered as a form of energy.

15. Computers may be classified as analog and digital.

二、请将下面段落翻译成中文，注意长句的译法。

As oil is found deep in the ground, its presence cannot be determined by a study of the surface. Consequently, a geological survey of the underground rock structure must be carried out. If it is thought that the rocks in a certain area contain oil, a "drilling rig" is assembled. The most obvious part of a drilling rig is called "a derrick". It is used to lift sections of pipe, which are lowered into the hole made by the drill. As the hole is being drilled, a steel pipe is pushed down to prevent the sides from falling in. If oil is struck, a cover is firmly fixed to the top of the pipe and the oil is allowed to escape through a series of values.

第七章

工程技术英语中被动语态的翻译

✓参考答案
✓学术探讨
✓拓展资源

□ 被动语态的使用范畴是什么？

□ 形式被动语态是什么？意义被动语态是什么？

□ 工程技术英语中被动语态的常用翻译方法有哪些？

　　语态是语言学的一个重要范畴，也是英汉互译中不可忽视的重要方面。语态是动词的一种形式，用以说明主语与谓语动词之间的关系。英语的语态有两种：主动语态和被动语态。主动语态表示主语是动作的执行者或施行者，被动语态表示主语是动作的承受者。被动语态是动词的一种特殊形式，一般说来，只有需要动作对象的及物动词才有被动语态。汉语往往用"被、由、受、给、为"等被动词来表示被动意义。英语被动语态由"be＋及物动词的过去分词"构成。被动语态的时态变化只改变"be"的形式，过去分词部分不变，疑问式和否定式的变化也是如此。可见，语态的改变意味着句式的改变，这在翻译中应予以足够的重视。作为英汉翻译者，若不知英汉两种语言各自的特点及其差异，是很难胜任翻译工作的。

　　事实上，即使汉语是我们的母语，我们也未必了解汉语。就汉语论汉语，由于没有距离，就看不真切，因为没有比较，便看不明白。只有当汉语和英语比肩而立，碰撞交流，才会爆发出绚丽的火花，两者之差异，才会赫然呈现。那么，英汉对比研究的目的是什么？显然是要找出英汉两种语言的差异，但这并不是我们研究的最终目的，至多是一种手段而已，而手段总要服务于目的。英汉对比研究的一个重要目的就是服务于翻译。翻译实践证明：只有对英汉之差异了然于心，翻译时才能做到下笔如有神。下面结合英汉翻译的实际，对英汉两种语言之间的语态差异及翻译方法做一番分析与归纳。

第一节　汉语中的被动语态

我们知道,英语中被动语态的使用十分广泛,特别是在科技英语(包括工程技术英语)中,被动语态的使用几乎随处可见。虽然汉语和英语中都存在被动语态,但两者的使用情况差别较大,汉语的被动语态呈多样化,但大体上可归为有形式标志和无形式标志两种。相比而言,英语的被动语态则形式较为固定,不过使用频率比汉语要高得多,这也是英汉两种语言显著的差别之一:汉语多主动,英语多被动。本节中,我们将对汉语的被动结构及其英译进行探讨。

汉语属于意合语言,汉语表达被动语态的方式比较丰富,既可以借助词汇手段来表达被动语态(显性被动语态),也可以不借助词汇形式来表现被动含义,即主动形式表示被动意义(隐形被动语态)。例如:"狡兔死,走狗烹;飞鸟尽,良弓藏。"(《史记·越王勾践世家》)其中,"走狗烹"和"良弓藏"即是表示被动意义的句子,而其形式却是主动式。此外,"六王毕,四海一"(《阿房宫赋》)、"锲而不舍,金石可镂"(《荀子·劝学》)、"屈原放逐,乃赋《离骚》"(《司马迁·报任安书》)也是主动形式表示被动意义。从结构上来说,汉语的被动语态主要有三种类型:一种是有形式标志的被动语态,第二种是半形式标志的被动语态,第三种是无形式标志的被动语态。

一、有形式标志的被动语态

汉语中,有形式标志的被动结构,主要有以下几种情况,汉译英时一般都可用英语的被动语态来处理。例如:

(一)"被、叫、由、让、给、挨"式

① 极软低碳钢被制造成冷轧或热轧的钢板、带材、棒材、线材和管材,适宜在热加工状态或退火状态下使用。

译文:Dead mild steel is produced as hot and cold worked sheet, strip, rod, wire and tube, and is available in the hot-worked or process annealed condition.

② 就工业效用而言,材料被分为工程材料和非工程材料。那些用于加工制造并成为产品组成部分的就是工程材料。

译文:For industrial purposes, materials are divided into engineering materials or nonengineering materials. Engineering materials are those used in manufacture and become parts of products.

③ 为什么要使用金属和合金？许多金属和合金具有高密度，因此被用在需要较高质量体积比的场合。

译文：Why are metals and alloys used? Many metals and alloys have high densities and are used in applications which require a high mass-to-volume ratio.

④ 如果刀具前倾面与切屑（变形金属）底面之间的摩擦相当大，那么切屑会进一步变形，这也叫二次变形。滑过刀具前倾面的切屑被提升离开刀具，切屑弯曲的结果被称为切屑卷。

译文：If the friction between the tool rake face and the underside of the chip (deformed material) is considerable，then the chip gets further deformed，which is termed as secondary deformation. The chip after sliding over the tool rake face is lifted away from the tool，and the resultant curvature of the chip is termed as chip curl.

⑤ 地球上早期的大火肯定是由大自然而不是人类引燃的。

译文：Early fires on the earth were certainly caused by nature，not by Man.

⑥ 通常，合金由一种金属元素与少量的其他金属或非金属组成。

译文：Usually，alloy is composed of a base metal and a smaller amount of other metals.

⑦ 进入现场的实际困难必须由承包商解决。

译文：The practical difficulties in getting to and from the site are to be solved by the contractor.

⑧ 第二族是由苯 C6H6 衍生的或由与苯有关的化合物组成。

译文：The second group is composed of compounds derived from or related to benzene，C6H6.

⑨ 关于测试频率，对许可人没有要求，而必须让被许可人决定以满足顾客需求。

译文：There is no licensor requirement regarding the frequency of testing，which shall be determined by the licensee to meet customer needs.

⑩ 应用一些简单的规则，可以给一种物质里的各原子指定氧化值。

译文：An oxidation number may be assigned to each atom in a substance by the application of simple rules.

（二）"遭、受、蒙、为、将"式

① 如果没有臭氧层，动植物也将受到影响。

译文：Without the ozone layer, plants and animals would also be affected.

② 龙游浅水遭虾戏。

译文：A dragon stranded in shadow water is reduced to being teased by shrimps.

③ 在昨夜的暴风雨中，我家的屋顶遭到了破坏。

译文：Our roof was damaged in the last night's storm.

④ 钻石化学蒸发沉淀的应用受材料限制，要求材料在此温度下不软化，诸如硬质合金之类的金属。

译文：The application of diamond chemical vapor deposition is limited to materials which will not soften at this temperature, such as cemented carbides.

⑤ 由于成本问题，这台电流触控板的实际应用受到了限制。

译文：Because of its cost, the electrical controlling panel is limited in practical use.

⑥ 翌年，楚因战败而蒙辱于秦。

译文：The next year the Kingdom of Chu was humiliated by the Kingdom of Qin due to its military defeat.

⑦ 密度定义为材料的质量与其体积之比。大多数金属密度相对较高，尤其是和聚合物相比较而言。

译文：Density is defined as a material's mass divided by its volume. Most metals have relatively high densities，especially compared to polymers.

⑧ 在常规的热反应堆中，铀为大量的减速剂包围着。

译文：In the normal thermal reactor the uranium is surrounded by a large mass of moderating material.

⑨ 因此，可以将吸收过程简单地分为两类：物理过程和化学过程。

译文：Absorption process is therefore conveniently divided into two groups：physical process and chemical process.

⑩ 可以将这种设备安装在电线杆、拱顶上，甚至安装在多单元楼的地下室里。

译文：Such devices can be configured to be deployed on a pole, vault, or even in an MDU/MTU basement.（注：MDU 是 Multiple Dwelling Unit 的缩写，指"多住户单元"；MTU 是 Multiple Tenant Unit 的缩写，指"多租户单元"。）

从上述例句不难看出,结构(形式)助词"被"放在及物动词前面,便构成了汉语的被动语态,用被动语态作谓语的句子就是被动句。此外,"被"也可以作为介词引进施动者并与及物动词一起表示被动意义。汉语中,与形式助词"被"相似的词还有"叫、让、给、由"等,但它们有时与"被"的用法还不尽相同。它们只能用作介词引进施动者,不能作为助词放到及物动词前面构成被动语态。例如,"他被观众批评了(He was criticized by the audience.)",或者说,"他被批评了(He was criticized.)"。但我们习惯上不说,"他叫(让、给、由)批评了"。此外,"被"字句和"由"字句还有一些语用上的差别。例如,"这项任务由老师完成(This task is finished by teachers.)",我们一般不说,"这项任务被老师完成"。又如,"这个团队由三名成员组成(This team is made up of three members.)",不可说成"这个团队被三名成员组成"。综上所述,当"由"字句不表示被动的时候(上述两个例子分别表示"责任"和"组成"),它不像"叫、让、给"那样,可以任意取代"被"字而意义不变。

二、半形式标志的被动语态

汉语句子中在"为……所""是(靠)……的""被……所"等后面加上谓语动词来表达被动意义,一般是译为英语的被动句。此外,还有些汉语句子是在"予以""加以"等词后加谓语动词来表达被动意义的,通常也是译为英语的被动句。例如:

(一)"为……(所)……"式

① 生物合成法能够降低和消除制药工艺中所用的溶剂量,因此为越来越多的企业所采用。

译文:Biosynthetic method can reduce or eliminate the amount of solvent used in a pharmaceutical process, which is used by more and more businesses.

② 一旦相边界为表面活性剂分子所覆盖,表面张力就降低。

译文:When the phase boundary is covered by surfactant molecules, the surface tension is reduced.

③ 茅屋为秋风所破。

译文:The thatched house was destroyed by the autumn storm.

④ 原子学说直到上个世纪才为人们所接受。

译文:The atomic theory was not accepted until the last century.

⑤ 在信息时代这种传统的图书管理方式必然被以计算机为基础的信息管理系统所取代。

译文:In the era of information, the traditional library management will be replaced by computer-based information management system.

（二）"是（靠、通过）……的"式

① 氨气是摩尔比为 3：1 的氢气和氮气合成的。

译文：Ammonia is synthesized by reacting hydrogen with nitrogen at a molar ratio of 3 to 1.

② 有效的增溶是通过将油水界面的张力降至超低值的表面活性剂获得的。

译文：Effective solubilization is obtained with surfactants that bring the interfacial tension of oil and water down to ultra-low values.

③ 有关材料特性的许多数据是可以通过标准拉伸试验得到的。

译文：A great deal of information concerning the characteristics of materials may be obtained from a standard tension test.

④ 温室效应是由我们日常生活中产生的二氧化碳、甲烷、含氯氟甲烷等温室气体的增加而引起的。

译文：The greenhouse effect is caused by an increase in greenhouse gasses (carbon dioxcide，methabe，chlorofluorocarbons，etc.)，which we produce as we go about our daily life.

⑤ 原工厂设备和替代工厂设备之间的详细对比是承包商进行的。

译文：A detailed comparison was made by the Contractor between the original and substitute plant and equipment.

⑥ 彩虹是阳光穿过天空中的小水滴形成的。

译文：Rainbows are formed when sunlight passes through small drops of water in the sky.

⑦ 金属的延展性大，通常是靠牺牲强度才获得的。

译文：Considerable ductility of metal is generally obtained at a sacrifice of strength.

（三）"（由）……加（予）以"式

① y 和 z 轴方向的应力分量可按类似的方法予以确定。

译文：Stress components associated with the y and z axes can be defined in a similar manner.

② 对许多需要广泛多样性技能和交叉学科知识的细节必须加以注意。

译文：Attention is required on many details requiring a wide variety of skills and cross-disciplinary knowledge.

③ 蒸汽泄漏问题应予以重视。

译文：The leakage of steam should be paid attention to.

④ 就本质而言,热塑性塑料的机械性能虽然远低于金属的机械性能,但其机械性可以通过在一些应用上增加玻璃纤维的强度予以增强。

译文：The mechanical properties of thermoplastics, while substantially lower than those of metals, can be enhanced for some applications through the addition of glass fiber reinforcement.

⑤ 测试后,总管道须用清洁水加以冲洗,然后排水封盖。

译文：After testing the mains shall be flushed out with clean water and then drained and sealed.

⑥ 煤和石油是动植物的残骸。原矿石和原油必须加以精炼才能使用。

译文：Coal and oil are the remains of plants and animals. Crude mineral ores and crude oil must be purified before they can be used.

⑦ 从管理角度而言,由于成本已经能在如此细的程度上进行累计,源于具体工作的一些问题就可以及时地予以识别。

译文：From the management perspective, problems developing from particular activities could be rapidly identified since costs would be accumulated at such a disaggregated level.

⑧ 消费税、增值税、进口税以及就业税均由法律加以规定。

译文：Excise tax, value added tax, customs duties and payroll tax are stipulated by law.

事实上,汉语中半形式标志和有形式标志的被动语态并无绝对的区分,另外,古汉语中表示被动与现代汉语中表示被动的词也是既有相似,又有所区别的。古代汉语中表示被动的形式标志词主要有"见""于""为""被"等。这些词在语言演变过程中,语义和语用功能此消彼长,此处不妨赘述一下:

(1)"见"字可以直接放在动词前边,构成"见＋动"的形式来表示被动。例如,"举世皆浊而我独清,众人皆醉而我独醒,是以见放"(《楚辞·渔父》);"乐羊以有功见疑,秦西巴以有罪益信"(《韩非子·说林上》)。(2)"于"字引进对象时可以与"见"字结合使用,构成"见……于……"的形式来表示被动,一方面在动词前用"见"字表被动意义,一方面在动词后加介词"于"引进动作行为的发出者,这样就弥补了"见"字不能引进施动者的局限。例如,"吾长见笑于大方之家"(《庄子·秋水》);"臣诚恐见欺于王而负赵"(《史记·廉颇蔺相如列传》)。当然,"于"字也可以不借助"见"字而单独表被动。换言之,在被动句的谓语动词之后,介词"于"引出了施动者,前面的主语也就明显地具有了被动意味,例如,"忧心悄悄,愠于群小"(《诗经·柏舟》);"劳心者治人,劳力者治于人"(《孟子·滕文公上》)。如果将例子中的"于"字去掉,则动词后的补语转变成宾语,说成"愠群小""治人"等,意思就完全相反了,即不表示被动了。(3)"为"字的独到之处在于,它一旦放在谓语动词前,就能使句子的主语明显地具有被动含义,构成"为+动词"形式表被动。例如,"父母宗族,皆为戮没"(《战国策·燕策》);"吴广素爱人,士卒多为用者"(《史记·陈涉世家》)。(4)上述诸词的功能可谓此消彼长、各有千秋。随着语言的发展,"被"字集各家之长,用"被"字构成的被动句一经成为现代汉语被动句的主要形式之后,"被"字不但全面继承了"见""于""为"等字表示被动的语法功能,还使被动句的句法特点得到了进一步的完善和发展。综上,现代汉语中"被"字表被动的语法功能既完善又统一,相比其他诸词,"被"字责无旁贷地成了现代汉语中被动句最有效的形式标志。而"被"字在被动句中的地位一经确立,"见"和"于"便成为历史陈迹,仅见诸文言了,至于"为"字,由于用途广泛,因此在现代汉语书面语中,有些庄重的被动句还保留它的一席之地(朱英贵,2005:340 - 342)。

三、无形式标志的被动语态

汉语除了用上述语言形式表示被动外,许多时候,主语是受动者时,不用被动结构的情况也比比皆是,也就是说,更多的情况下都不使用被动语态,尤其在口语中更是如此,而这些句子译成英语时通常都采用被动结构。

(一) 汉语句子中有泛指主语,如"有人、人们、大家、我们"等词时,可酌情译成英语的被动句

英语中表示泛指意义的是不定代词(somebody, some, any, anyone, all, every, etc.),与汉语不同的是,英语不用这类代词构成主动形式来表示被动,而是直接用"it"做形式主语或用受动者作主语来构成被动句。例如:

① 有人指出,温室气体浓度过高导致全球变暖。

译文:It is pointed that the over-concentrations of the greenhouse gas are producing global warming.

② 人们认为,蛋白质是动植物体内所有物质中最重要的物质。

译文:It is considered that proteins may be the most important of all the substances present in plants and animals. (或者"Proteins may be considered the most important of all the substances present in plants and animals.")

③ 人们希望某些溶剂能被很容易地回收、分离和纯化,以再利用。

译文:It is desired that some solvents can be easily recovered, separated, and purified for reuse.

④ 人们相信,发烧及其伴随的症状是人体克服毒素效应的保护性反应。

译文:It is believed that fever and the conditions that accompany it are protective reactions to overcome the effect of toxins on the body.

⑤ 人们可以从全世界许多古代和中古时期的记录中发现机械工程的应用。

译文:Applications of mechanical engineering are found("by people"通常省略)in the records of many ancient and medieval societies throughout the globe.

⑥ 人们认为,他也是现在一些最基本装置的机械设备的发明者,如曲轴、轮轴等。

译文:He is also considered("by people"通常省略)to be the inventor of such mechanical devices which now form the very basic of mechanisms,such as the crankshaft and camshaft.

(二) 汉语句子中有"据说、据了解、据报道、据统计、据研究"等词时,也可充分利用英语中以"it"做形式主语的句型加以翻译

例如:

① 据估计,美国生产的所有金属中 10% 到 15% 转变成了切屑。

译文:It is estimated that about 10% to 15% of all the metal produced in USA was converted into chips.

② 据说,这个地区有丰富的自然资源。

译文:It is said that the area is rich in natural resources.

③ 据研究,添加乳铁蛋白可以延长巴氏奶贮存时间。

译文:It was studied that pasteurized milk's shelflife can be extended by adding lactoferrin.

④ 已发现(据发现)新型手术服不但使细菌的播散大为减少,而且比常规的手术服耐洗。

译文:It was found that the new type of operating suit not only reduced dispersal of bacteria considerably but also washed better than the conventional one.

⑤ 据悉,左心室舒张终期压与血容量,在患者经硝酸甘油治疗后都会降低。

译文:It is known that left ventricular end diastolic pressure and volume are reduced after treatment with nitroglycerin.

⑥ 据报道,芦荟有助于辐射烧伤、冻伤、割伤、皮肤炎、溃烂的修复。

译文:It is reported that aloe helps treat the radiation burns, frostbites, cuts,dermatitis and ulcers.

（三）其他一些无明显形式标志的汉语主动句翻译成英语时（尤其是科技英语或工程技术英语等），往往也译成被动句

例如：

① 古地理再造表明 IMH 可能覆盖着厚厚的沉积岩。

译文：Paleogeographic reconstructions show that the IMH may have been covered with thick sedimentary rocks.

② 要求公司对原住企业发布竞标公告之前函告相关企业，以有利于实现土著投标占有量的目标。还可以要求公司给未能中标的土著投标方提供详细的书面说明。

译文：The achievement of Aboriginal-content targets can be facilitated by requiring that the company inform Aboriginal organizations about contract opportunities before publicly advertising them. The company can also be asked to give a detailed written explanation to those First Nation bidders that are unsuccessful in securing contracts.

③ 影响利益协议正文或协议时间表中可能包含环境的相关规定。

译文：Environmental provisions may be found in the body of an impact benefit agreement or in the form of a schedule to the agreement.

④ 严禁将火柴带入矿井，如果携带，则要格外小心，以免擦出火花。

译文：No matches are taken down a mine, and great care is taken not to make sparks.

⑤ 微粒用来增加基材的模量、减少基材的渗透性和延展性。微粒加强型复合材料的一个例子是机动车胎，它就是在聚异丁烯人造橡胶聚合物基材中加入了炭黑微粒。

译文：Particles are used to increase the modulus of the matrix, to decrease the permeability of the matrix, to decrease the ductility of the matrix. An example of particle-reinforced composites is an automobile tire which has carbon black particles in a matrix of polyisobutylene elastomeric polymer.

⑥ 使用合适的热处理可以去除内应力、细化晶粒，增加韧性或在柔软材料上覆盖坚硬的表面。因为某些元素（尤其是碳）的微小百分比极大地影响物理性能，所以必须知道对钢的分析。

译文：With the proper heat treatment internal stresses may be removed, grain size reduced, toughness increased, or a hard surface produced on a ductile interior. The analysis of the steel must be known because small percentages of certain elements, notably carbon, greatly affect the physical properties.

⑦ 在美国,每年花在机器加工及其相关作业上的费用超过千亿美元。

译文:In USA, more than ＄100 billions are spent annually on machining and related operations.

⑧ 中国的农业劳动力将因实现农业机械化而解放出来。

译文:The liberation of man power in China's agriculture will be accomplished by the realization of agricultural mechanization.

⑨ 产生永久变形的最小应力称为弹性极限。

译文:The smallest stress that produces a permanent deformation is known as the elastic limit.

⑩ 碎石封层一般在通行量较低的路面使用,预期寿命为6～8年。

译文:Chip seal are generally used on lower volume local roadways and has an expected life of six to eight years.

⑪ 机械加工方法,特别是磨削,可以获得最佳表面光洁度。

译文:Best surface finish is provided by machining methods, especially by grinding.

⑫ 已经注意到采取防腐新措施。

译文:Attention has been paid to the new measures to prevent corrosion.

⑬ 肥皂泡可看不可摸。

译文:Soap bubbles should be seen and not touched.

汉语语态是一种隐性、开放的语法范畴,由于缺少英语中用动词的屈折形式变化来决定语态的标志,汉语往往要借用一些词汇手段或意义的表达来说明施事与受事的关系,这就造成了汉语中大量无标识被动句的存在。事实上,汉语中被动语态使用较少,即使我们强调动作的承受者时,也经常使用主动语态。因此,当我们把汉语译成英语时,一定要注意主语与动词之间的关系。如果主语是动作的承受者,大部分情况下要使用被动语态,同时还需要使用正确的时态来表示动作发生的时间,这比英译汉的要求更高,这也反映了"英语重时体、汉语轻时体"的语言差异。当然,英语中也可以用主动形式来表示汉语中的受事主语,例如,"土豆很好吃"(Potatoes taste delicious);"这种布料很耐用"(The cloth lasts well)。有时,英语也可以借助介词来翻译汉语的被动句,例如,"君子受宠于君"(You are now in the Emperor's favor);"他受到批评了"(He was under criticism)。这些内容将在下一节加以讨论。

第二节　英语中的被动语态

　　被动语态,即不知道动作执行者或强调动作承受者的一种语态。在英语中,如果想要避免用指代不清的词来做主语,可以用被动语态。英语的语态是通过动词形式的变化表现出来的。英语中有两种语态:主动语态和被动语态。主动语态表示主语是动作的执行者或施行者。被动语态表示主语是动作的承受者,即行为动作的对象。一般来说,汉语是意合语言,通过上下文之间的逻辑关系表示意义,而英语则是形合语言,通过句法变化来表达意义。汉语重人称,英语重物称,英语中多见被动句式与其物称倾向不无关联,充任主语的词既然有大量“无灵”(inanimate)物称,其被动句式则有了繁衍的前提,反之,汉语具有人称倾向,自然多采用主动句式。当然,英语也不会无缘无故地滥用被动句式。其内在的修辞功能在于:不必强调动作的施行者,则将其置于句尾;不必、不愿或不便言明动作的施行者,则将其省略。本节中,我们将对英语中被动语态的相关问题进行探讨与分析。

一、被动语态的广泛使用

　　英语中被动语态的使用十分广泛,特别是在科技英语(包括工程技术英语)中,被动语态的使用几乎随处可见。虽然汉语和英语中都存在被动语态,但两者的使用情况差别甚大,汉语的被动语态呈多样化,但大体上可归为有形式标志和无形式标志两种。相比而言,英语的被动语态形式较为固定,使用频率比汉语要高得多。这也是英汉两种语言显著的差别之一:汉语多主动,英语多被动。在科技英语(包括工程技术英语)中,被动语态的使用要占1/3以上,主要原因如下:其一,为了强调所描述的事物,故将其作为主语放在句前,以突出其论述重要性;其二,许多描述场景中不必指出谓语动词的执行者;其三,描述很多客观规律时,动作的执行者不必指明;其四,习惯用法中有很多以“it”作形式主语,以被动语态作谓语,以着重强调状态和性质。例如:

　　① Have the products been transported to the Europe?

　　译文:这批产品运到欧洲了吗?

　　② Much has been said about the complication of the nuclear power station reactor.

　　译文:有关原子能电站反应堆的复杂性已经谈得很多了。

　　③ The importance of oceanography as a key to the understanding of our planet is seldom as well appreciated.

　　译文:海洋学是认识我们星球的关键,其重要性人们却很少理解。

　　④ The challenge from the third world has always been foreseen by our shipping companies.

译文：我们的航海运输公司总能预见来自第三世界的挑战。

⑤ Vegetable oil has been known from antiquity. No household can get on without it, for it is used in cooking. Perfumes may be made from the oils of certain flowers. Soaps are made from vegetable and animal oils.

译文：植物油自古以来就为人们所熟悉。任何家庭都离不开它，因为做饭的时候就要用它。有些花产生的油可以用来制造香水。植物油和动物油还可以用来制作肥皂。

显然，科技英语的被动式结构使用频率很高。上述最后一个例子共有四句话，就用了四个被动语态。而译成汉语时只有第一句话译成了被动形式，其余三句都译成了主动形式。

从广义上来讲，工程技术英语属于科技英语的一种，而科技文体崇尚严谨周密、概念准确、逻辑性强、行文简练、重点突出、句式严整、少有变化，常用前置性陈述，即在句中将主要信息尽量前置，通过主语传递主要信息。工程技术英语文体的特点是：清晰、准确、精练、严密。而广泛使用被动语态是其句法结构的重要特点之一。相对于汉语，英语中的被动语态使用频率要高于汉语中的被动语态，在各种文体中都是如此，在工程技术英语中尤为突出。工程技术英语的语旨是要阐述客观事物的本质特征，描述其发生、发展及变化过程，表述客观事物间的联系，所以它的主体通常是客观事物或自然现象，这样一来，被动语态也就得以大量使用。此外，被动语态所带有的叙述客观性也使得作者的论述更显科学性从而避免主观色彩。与这一特点相适应的是工程技术英语中少用第一人称和第二人称，即便是非用不可也常常是使用它们的复数形式以增强论述的客观性。例如：

⑥ Communication with contractors shall be maintained through general correspondence（letter/fax/e-mail）and through minutes which are initiated and controlled by Contracts Department.

译文：通过信件、传真、e-mail 等通用函件以及由合同部门起草控制的会议纪要与承包商保持信息沟通。

⑦ Medium carbon steel is most commonly used for forgings, castings and machined parts for automobiles, agricultural equipment, machines and aircraft.

译文：中碳钢是一种用于制造锻件、铸件以及用于加工汽车、农机、机床和飞机零件的最常用的钢。

⑧ Attention must be paid to the working temperature of the machine.
译文：应当注意机器的工作温度。

该例子使用被动语态，而翻译成汉语时却使用主动语态。事实上，工程技术英语很少采用下面这种表述方式："You must pay attention to the working temperature of the machine." (你们必须注意机器的工作温度）。

⑨ Atoms cannot be destroyed or changed in any way by chemical reactions, and all that can happen is that the arrangement of the atoms is changed so as to produce another chemical substance with different properties.

译文：任何化学反应都不能破坏和改变原子，它只能改变原子的排列，从而产生出另一种有不同性质的化学物质。

这句话中有三个被动语态，翻译成汉语时全部译成主动语态为宜，这样的译文凸显主体、条理清楚、易于理解。如果此句用被动语态翻译，将会使人感到模糊、费解。

二、形式被动语态

英语被动语态的基本结构是"be+done"，有时"get+done"也可以构成被动语态，但这种结构的句子侧重于动作结果而不是动作本身。英语被动语态在科技文体、公文文体和应用文体中极为普遍，这除了语言结构上的原因，还有语义上的原因及其功能意义。

（一）被动语态强调受事者，使其位置鲜明突出

① This time scaled diagram is produced as a display after activities are initially scheduled by the critical path method.

译文：这种时标网络图是在用关键线路法初步确定了各种工作安排后才制定出来的。

② The V-belts can be used with short center distances and are made endless so that difficulty with splicing devices is avoided.

译文：V形带能用于距传动中心距离较短的场合，并能做成无缝的，因此避免了连接设备的麻烦。

③ Monthly progress reports shall be prepared by the Contractor and submitted to the Engineer in six copies.

译文：承包商应撰写月度进度报告，一式六份提交给工程师。

④ No amount will be certified or paid until the Employer has received and approved the Performance Security.

译文：在雇主收到并认可履约担保之前，不确认或办理付款。

⑤ No work shall be carried out on the site on locally recognized days of rest，or outside the normal working hours stated in the Appendix to Tender.

译文：在当地公认的休息日，或投标书附录中规定的正常工作以外时间，不应在现场进行任何工作。

⑥ More than one hundred elements have been found by chemical workers at present.

译文：目前化学工作者已发现了一百多种元素。

⑦ Heat and light are given by the sun.

译文：太阳给我们光和热。

⑧ Coarse mesh can be used for determining stress results suited for yielding and buckling control but also to obtain the displacements to apply as boundary conditions for sub models with the purpose of determining the stress level in more detail.

译文：粗网格可以用于确定适于屈曲和弯曲控制的应力结果，也可以得到作为边界条件的子模型的位移以便详细确定应力水平。

⑨ Characteristic values for ultimate state analysis are typically represented by loads associated to an exceeding probability of 10~8.

译文：极限状态分析的特征值通常由10~8超越概率载荷表示。

上述诸例中，各个句子强调的中心话题都是被动语态中的主语部分，而且也是句子信息的焦点，故使用被动语态，强调受事者，以凸显信息重心和关注焦点，但翻译成汉语基本上都是译成主动句，部分句子的翻译为了符合汉语的使用习惯，主客体在译文中有所调整，被强调内容也有所减弱。

（二）当不必要说出施动者或无法说出施动者

① Attempts are also being made to produce concrete with more strength and durability, and with lighter weight.

译文：目前仍在尝试生产强度更高、耐久性能更好，而且重量更轻的混凝土。

② The new millennium will see a steep drop in the number of scientists unless moves are made now to encourage greater investment in research and technology.

译文：现在不采取行动，鼓励研究和技术投资，新世纪将面临科学家的锐减。

③ Unless otherwise stated in the Particular Conditions, the Tests on Completion shall be carried out in the following sequence.

译文：除非特殊条件中另有说明，竣工检验应按下列顺序进行。

④ Measures have been taken to diminish air pollution.

译文：已经采取了一些措施来减少空气污染。

⑤ Much greater magnification can be obtained with the electron microscope.

译文：使用电子显微镜，能获得大得多的放大倍数。

⑥ If the product is a new compound, the structure must be proved independently.

译文:如果产物是一个新的化合物,则必须单独证明其结构。

⑦ The speed of molecules is increased when they are heated.

译文:当分子受热时,其速度就加快。

⑧ In the reaction both the acid and the base are neutralized forming water and salt.

译文:反应中,酸与碱中和而形成水和盐。

⑨ The kinds of activities which the organic chemists engage may be grouped in the following way.

译文:有机化学工作者所从事的活动可以按照下列方法归类。

上述诸例中的施动者不必说出,或者根本无法说出,故使用被动语态,这样更能体现其客观性、科学性。

(三) 被动语态在特定的语境中可以表达对主语的尊敬或说话者谦恭的态度

① Where can you be reached?
译文:在什么地方可以找到您?(您住在哪儿?)

② You are not supposed to smoke here.
译文:请不要在此处抽烟。(表示委婉禁止)

③ Where will I be interviewed?
译文:我什么时候来参加面试呢?(表示谦恭)

④ You are wished to do it more carefully.
译文:希望你做得再认真一些。(表示委婉要求)

⑤ Enough has been said here of this question.
译文:这个问题这里已经谈得不少了。(意思是大家不要再说了)

上述诸例表达了说话者对主语的尊敬或说话者谦恭、委婉的态度,在这些情境中使用被动语态往往比主动语态更加委婉、礼貌。

(四) 被动语态常用以表示说话者对所提出的话题(或人或事或物)持有某种客观态度,因而比较委婉

① Some solvents are hoped to be recovered, separated, and purified for reuse.
译文:希望某些溶剂被回收、分离和纯化,以再利用。

② It should be noted that the hydrocracking of paraffins is the only one reforming reaction that consumes hydrogen.

译文：应该注意链烷烃的催化裂解是唯一的一种耗氢反应。

③ If one or more electrons are removed, the atom is said to be positively charged.

译文：如果原子失去了一个或多个电子，就说这个原子带正电荷。

④ The metal, iron in particular, is known to be an important material in engineering.

译文：金属，特别是铁，是工程方面的重要材料。

⑤ Absorption process is therefore conveniently divided into two groups: physical process and chemical process.

译文：可以将吸收过程简单地分为两类：物理过程和化学过程。

⑥ Hydrochloric acid (HCl) was added to the solution to enhance acidity.
译文：将盐酸加到溶液中以增强酸性。

⑦ An aldehyde is prepared from the dehydrogenation of an alcohol and hence the name.

译文：醛是从醇脱氢而制备的，并因此而得名。

⑧ Mechanical energy can be changed back into electrical energy through a generator.

译文：发动机能把机械能再转变成电能。

⑨ Even when the pressure stays the same, great changes in air density are caused by changes in temperature.

译文：即使压力不变，气温的变化也能引起空气密度的巨大变化。

⑩ Unless care is taken in design and construction, however, these cracks may be unsightly or may allow penetration of water.

译文：但是，如若在设计和施工中未能谨慎入微，这些裂缝可能会影响美观或渗水。

科技英语中（包括工程技术英语）大量使用被动语态的一个重要原因就是可以使句子陈述的内容减少主观因素，变得更加客观。

（五）当较长的短语表示动作的执行者或发出者时，为了避免句子头重脚轻，也需用被动语态

① He was fascinated by the art and literature of the modern world.
译文：他被现代的文学艺术迷住了。

② His idea was laughed at by everybody who heard it.

译文：他的想法遭到每一个听过的人嘲笑。

③ It is required that the contractor use modern electronic distance measure equipment to achieve the minimum accuracy of 1∶20,000.

译文：根据要求，承包商必须使用现代电子遥测设备，其测量的最小精度为 1∶20 000。

④ It is recommended that Joint ventures should be allowed to prequalify but that the subsequent formation of Joint ventures from amongst prequalified organizations should be controlled as this reduces the breadth of competition.

译文：建议应该对联合体进行预审，但是通过预审的组织随后成立了联合体，为了缩小竞争的范围，应对此加以控制。

⑤ It has been calculated that the concentration of H^+ in water is 0.000 000 1 gram per liter.

译文：有人计算过，水中 H^+ 离子浓度为每升 0.000 000 1 克。

上述诸例，动作的执行者或发出者成分较长，如果放在句首使用主动语态，整个句子就会显得头重脚轻，不符合英语语言习惯，故使用被动语态来平衡句子，翻译成汉语可以根据汉语的语言特点和习惯灵活地加以处理。

三、意义被动语态

在某些英语句型中，虽然谓语动词是主动形式，而主语逻辑上是动作的承受者。换言之，该类句子结构上是主动句，意义上却是被动句。这种意义被动句通常用来描述事物的性质或目前所处的状态，动作意义相对较弱，主要有以下几种情况：

（一）动词"wash, clean, open, cut, sell, read, write, wear, draw, drive"等在日常英语中被用作不及物动词来描述主语特征时，往往以主动形式表示被动意义，翻译成汉语，通常也是译成主动语态的形式

① This chemical material sells well, especially in South-East Asian countries.
译文：这种化工材料很畅销，尤其是在东南亚国家。

② This knife cuts easily and is popular among the workers.
译文：这把刀子很好用，很受工人欢迎。

需要注意的是，有些英语动词不是没有被动语态，而主动语态强调的是主语的特征或状态，而被动语态则强调外界作用造成的影响。例如：

③ The door won't lock.
译文：门锁不上。（指门本身有毛病）

④ The door won't be locked.

译文：门不会被锁上。（指不会有人来锁门）

⑤ His novels sell easily.

译文：他的小说销路好。（指小说本身内容好）

⑥ His novels are sold easily.

译文：他的小说很好销售。（主要强调外界对小说的需求量大）

（二）像"bake, beat, blame, build, cook, keep, make, print, remain"等作为不及物动词用的时候，往往也是以主动形式表示被动意义

① He was to blame for the frequent accidents of these mines in the area.

译文：他应该对该地区矿井频频塌方的事故负责。（一般不说：He was to be blamed for the frequent accidents of these mines in the area. ）

② Much complex construction remains，which disturbs the project manager for a long time.

译文：还有大量复杂的工程未做，这困扰项目经理好久了。（一般不说：Much complex construction is remained，which disturbs the project manager for a long time. ）

（三）动词"bear, deserve, need, require, stand, want"等后面接动名词时，该动名词通常用主动形式表示被动意义

① The machine tool has been used for a long time，which needs repairing（＝ to be repaired）.

译文：这台机床用了好久了，需要好好地维护一下。（一般不说：... which needs being repaired. ）

② In order to ensure its safety，this kind of product deserves testing thoroughly before it is put on the market.

译文：这种产品在投放市场前要充分检验一下以确保安全。（一般不说：... this kind of product deserves being tested thoroughly before it is put on the market. ）

（四）形容词 worth 后面跟动名词的主动形式表示被动含义，但不能跟动词不定式，而 worthy 后面跟动词不定式的被动形式

① The property of such kind of material is worth testing before it is applied to the construction of bridge. （＝The property of such kind of material is worthy to be tested before it is applied to the construction of bridge. ）

译文：这种材料用于桥梁建设之前值得好好测试一下它的性能。（一般不

说：The property of such kind of material is worth being tested before it is applied to the construction of bridge.)

② He has decided to get a look at the house and see if it might be worth buying. (＝He has decided to get a look at the house and see if it might be worthy to be bought.)

译文：他决定去瞧瞧那座房子，看是否值得买下。（一般不说：He has decided to get a look at the house and see if it might be worth being bought.)

（五）动词不定式的主动形式表被动含义

当"nice, easy, fit, hard, difficult, important, impossible, pleasant, interesting"等形容词后跟不定式做状（补）语，而句子的主语又是动词不定式的逻辑宾语时，这时常用不定式的主动形式表达被动含义。例如：

① Engineering English is not difficult to learn.
译文：工程英语并不难学。（指"工程英语被学"）

② The water is unfit to drink.
译文：这水不适合饮用。（指"水被饮用"）

当动词不定式在名词后面做定语，不定式和名词之间有动宾关系时，不定式的主动形式表示被动含义。例如：

③ I have a lot of work to do today.
译文：我今天有很多工作要做。（"work to do"指"被做的工作"）

④ He has three children to look after.
译文：他有三个孩子要照看。（"children to look after"指"孩子被照看"）

注意：如果以上句型用动词不定式的被动形式，其含义有所区别，例如，"I have some clothes to be washed"表示我有些要洗的衣服（衣服不是自己洗）。

在"There be …"句型中，当动词不定式修饰名词做定语时，不定式用主动或被动式，其含义没有什么区别。例如：

⑤ There is a lot of homework to do (to be done).
译文：有很多家庭作业要做。

⑥ There are some clothes to wash (to be washed).
译文：有些衣服要洗。

（六）由介词"for, on, above, under"等构成的短语有时可以表达被动含义

① His paintings will be on show tomorrow afternoon. (＝His paintings will be shown tomorrow afternoon.)

译文：他的油画作品明天下午展出。

② He was a respected academic and above suspicion.

译文：他是位受人尊敬的学者，根本不容怀疑。

（七）表示感官意义的连系动词，例如，"smell, feel, taste, look, sound"等在句子中常表示被动含义

① How nice the music sounds!

译文：这音乐听起来多悦耳！

② Good medicine tastes bitter.

译文：良药苦口。

上述诸例，我们讨论了英语中主动形式表示被动意义的几种情况。从语法理论来说，主动语态与被动语态可以相互转换（通常不会引起句子意义的变化）；但在实际使用中，它们的相互转换有时却受到主语、谓语、宾语以及语义、语用、语境、语体、逻辑和惯用法等限制。

四、不能转换成被动语态的情况

主动句并不意味着一定要有一个相对应的被动句不可，有时主动语态不能转换成被动语态，主要有下面几种情况：

（一）像"fit, have, suit, hold（容纳），cost, suffer, last（持续）"等表示状态的及物动词不能用于被动语态

① Finally, she put on a blue dress of beautiful silk that fit her well and she appeared to want the most.

译文：最后，她穿了一件漂亮的蓝色丝质连衣裙。这件裙子很适合她，她也流露出十分想要的意思。

这句话不能说成：She was not fitted by a blue dress of beautiful silk.

② William has a nice big house in the countryside, where he spends his holiday with his family every summer.

译文：威廉在乡下有个漂亮的大房子，他每年夏天都和家人在那儿度假。

同理，这句话不能说成：A nice big house is had by William in the countryside, where he spends his holiday with his family every summer.

然而，如果上述这些词汇用于不同的词义，则可以用于被动语态，例如，当"have"表示"欺（哄）骗、得到、获得、使失望"等，以及和某些介词或副词结合构成短语动词（例如"have on"表示"欺骗、愚弄"，"have up"表示"控告"等），相当于一个及物动词时，常用被动语态。

（二）表示状态的及物动词，诸如"**turn, enter, abide, befall, cost, fail, hold, lack, possess, resemble, suit, want**"等，不能用于被动语态

① If the car is turning the corner，the outside wheel has to turn faster than the inside one，which acts as a sort of pivot.

译文：汽车转弯时，外轮就比内轮转得快，这时内轮的作用就像一个旋转轴心。

该句中宾语"the corner"并没有受到动作（turn）的直接影响，也就是说，"the corner"不是动作的承受者，因此该句没有与之相对应的被动语态，不可以转换成：If the corner is turned by the car，the outside wheel has to turn faster than the inside one，which acts as a sort of pivot.

② The poisonous gas entered the house gradually.
译文：毒气渐渐地进入了屋子。

该句中，动作"entered"是无意志的，因此也没有与之相对应的被动语态，即，此句子不可以说成：The house was entered by the poisonous gas gradually.

但是，下面两例的情况就不同了：

③ He turned the page.
译文：他翻开了那一页。

该句可以变成被动语态"The page was turned by him"，因为 "turn"一词是及物动词，其主语是有意志的，主客关系是十分明显的。

④ The thief entered the house.
译文：小偷进入了屋子。

此句话也可以变为被动语态"The house was entered by the thief"，因为"enter"的主语是有意志的，主客关系也是十分明显的。

（三）以反身代词作为宾语的动词（即反身动词）一般不能用于被动语态

① He praises himself.
译文：他表扬了自己。

这句话不可以变为"Himself is praised by him"，但可以转换成"He is praised by himself"。可以用作反身动词的还有"apply，behave，conduct，deny，enjoy，forget，help，introduce，occupy，pride，seat，teach"等。当动词的宾语为相互代词时，也不能用于被动语态，例如：

② We must help each other.
译文：我们必须互相帮助。

这句话不可以变为：Each other must be helped by us.

（四）宾语前有与主语相同的形容词性物主代词时，一般也不能转换成被动句

① The teacher shook his head.

译文：老师摇了摇头。

此句话的意思是老师摇了摇头，即主语自己摇头，受动者为施动者身体的一部分，因而此句不能转换为被动句，即不可以说成：His head was shaken by the teacher. 此句的意思如果是老师摇他人的头，就可以转换为被动句：His head was shaken by the teacher.

但是，如果把形容词性物主代词改为定冠词时，就可以用于被动语态，例如：

② The pilot ditched his plane.

译文：飞行员让飞机迫降。

我们可以把这句话改为被动语态：The plane was ditched by the pilot.

（五）缺乏实义或含义模糊的代词 it 做宾语时，不能转换为被动语态

① We will battle it out together.

译文：我们将一起拼搏一场。

此句子不可以说：It will be battled out together by us.

② You will catch it for breaking the glasses.

译文：你会因为打破玻璃而挨骂的。

此句子也不可以变为"It will be caught by you for breaking the glasses"。此外，以含义模糊的代词"it"做宾语的动词短语还有"brave it, foot it, go it, hang it, lord it, make it, rough it, stick it, take it, walk it"等。

（六）主动句的宾语是与动词的意义相同或相近的同源宾语时，通常不能转换为被动语态

① He began a good beginning.

译文：他有了一个良好的开端。

我们不可以说：A good beginning was begun by him.

② The wind blew a gale.

译文：刮了一阵大风。

这句话不可以变为下面这个被动句：A gale was blown by the wind. 但当它们具有及物动词的语法意义时，可以用于被动语态，例如：Her hair was blown back by the wind from her forehead.

（七）动词的宾语是"-ing"分词短语和不定式短语时，一般不能转换为被动语态

① I enjoy studying cognitive linguistics.

译文：我喜欢学习认知语言学。

我们不可以说：Studying cognitive linguistics is enjoyed by me.

② He likes to get up early.

译文：他喜欢早起。

我们不可以说：To get up early is liked by him.

（八）用作及物动词的短语动词（"动词＋介词""动词＋副词""动词＋名词＋介词"等），一般不能转换为被动语态

① We agreed with him.

译文：我们赞同他的观点。

此句子不可以变为：He was agreed with by us.

② He broke in on our conversation.

译文：他打断了我们的谈话。

此句子不可以变为"Our conversation was broken in on by him"。类似的短语动词还有"admit of, belong to, give up on, join hands with, keep company with, set foot on, take example by, walk into"等。

但是，有些短语动词也可以用于被动语态，这时要把它们看作一个整体，不能分开，其中的介词或副词也不能省略。例如：

③ But in a further sign of the escalating tensions, the planned visit to Russia was put off by him, cancelling a meeting planned for today with President.

译文：但随着紧张局势进一步升级的迹象显现，他推迟了对俄罗斯的访问计划，取消了原定于今天与俄罗斯总统的会晤。

④ There is no need to maintain session affinity at the plug-in router level, as session affinities will be taken care of by the ODRs when the requests are forwarded on to the application servers.

译文：不需要在插件路由器级别维护会话亲缘性，因为当请求被转发给应用服务器时，会话亲缘性将由 ODR 负责。

（九）动词和宾语的关系密不可分，构成固定的动宾短语（或习语）时，不能转换为被动语态

① In the environments described in this article，the default Ethernet adapter interrupt processing took place on CPUs on the first node regardless of the node where the adapter actually resided.

译文：在本文描述的环境中，在默认情况下，无论适配器实际上在哪个节点上，以太网适配器的中断处理都在第一个节点的 CPU 上进行。

此句不可以变为：Place was taken by the default Ethernet adapter interrupt processing ...

② While other bugs may change color due to external circumstances like temperature，the Panamanian tortoise beetle is one of the few creatures known to control its own color changing.

译文：据了解，其他小虫可能随着外部环境（例如气温）的变化而变色，但巴拿马龟甲虫是可以控制自身颜色变化的少数动物之一。

此句不可以变为"While color may be changed by other bugs ... "，类似这种固定的动宾短语还不少，例如"do good，give way，keep sentry，kill time，lose heart，make a face，run a risk，set sail，take effect"等。

综上所述，英语中带标记的被动语态较为单一，无标记的被动形式更为复杂；而汉语的被动语态表现手法则更加复杂、多变，使用限制也比英语多。在工程技术英语中，带标记的被动语态占很大比例，无标记的英语被动句只是一种边缘化句式，而在汉语中，人们更倾向使用无标记的被动句，尤其是在口语中。总的来说，英语被动句在形式和逻辑上更为严密，一定程度上反映了英语民族重理性分析和逻辑思辨的传统；而汉语被动句则更深刻地反映了汉民族语用观上的心理偏好和思维传统，充分了解英汉两种语言中被动语态的异同，可以帮助我们更好地做好工程技术英语翻译工作。

第三节　工程技术英语中被动句的翻译方法

工程技术英语中使用被动语态的频率要比汉语中使用被动语态的频率高很多,因为工程技术英语多为陈述客观事实、工程原理和施工流程,使用被动语态能突出陈述的客观性和准确性,而不带主观色彩。尤其是对需要强调和加以注意的部分,以及没有明确动作施行者的时候多用被动语态,而由于英汉两种语言的差异,工程技术用语的汉语表述则主要以主动语态为主。所以,工程技术英语汉译时不能照搬原文的句式结构,一般来说,除少数句型译为汉语被动句式外,通常是将原文的被动语态转换成汉语的主动语态。

一、顺译法

所谓顺译法就是既保留原文的主语,又要使译文主要成分的顺序和原文大体一致的翻译方法。一些英语长句所叙述的事情基本上是按照时间或逻辑的顺序安排的,这与汉语表达的方法基本一致,因此翻译一般可以按照原文顺序译出。

(一)顺译成汉语被动句

有时可以保留原文的主语,将原文顺译成汉语的"被、挨、叫、让、由、受、用、遭到、受(得)到、予、予以、加、加以、引以、为……所、经……所"等字句,用以加强表达的语气。例如:

① NC machines are designed to be highly automatic and capable of combining several operations in one set up that formerly required several different machines.

译文:数控机床被设计成具有高度自动化,能够在工件的一次装夹中,完成以前需要几台不同的机床才能完成的好几种加工操作。

② Materials with high densities often contain atoms with high atomic numbers, such as gold or lead. However, some metals such as aluminum or magnesium have low densities, and are used in applications that require other metallic properties but also require low weight.

译文:高密度材料通常由较大原子序数原子构成,例如金和铅。然而,诸如铝和镁之类的一些金属则具有低密度,并被用于既需要金属特性又要求质量轻的场合。

③ A glass is an inorganic nonmetallic material that does not have a crystalline structure. Such materials are said to be amorphous.

译文:玻璃是没有晶体状结构的无机非金属材料。这种材料被称为非结晶质材料。

④ Reinforcing fibers can be made of metals, ceramics, glasses, or polymers that have been turned into graphite and known as carbon fibers. Fibers increase the modulus of the matrix material.

译文:加强纤维可以由金属、陶瓷、玻璃或已变成石墨的被称为碳纤维的聚合物组成。纤维能加强基材的模量。

⑤ Because of the limitations of past riblet technologies, both benefit in commercial applications and the methods of application have been limited.

译文:由于过去的沟槽技术的局限性,商业应用和应用方法方面的益处都受到了限制。

⑥ Sawtooth riblets on vinyl films including the ones produced by 3M have been applied to surfaces ranging from boat hulls to airplanes.

译文:乙烯胶卷上的锯齿类沟槽,包括 3M 公司生产的在内,在从船体到飞机的表层中都得到了应用。

⑦ Commercially available surface-cleaning and pretreatment system (CSP) PreKote that has been proposed for evaluation in fully non-chromated coating systems with preliminary testing demonstrating a possible effective replacement for CCC.

译文:市场上有售的表面清洁和预处理系统(CSP)Pre Kote 已经过初步试验被证明是对铬酸盐转换涂层(CCC)的一种可行的有效替代品,建议将 CSP 纳入完全无铬酸盐的涂层体系中接受试验评估。

⑧ Also transient impulsive loads that excite free structural vibrations (slamming, and in some cases sloshing loads) can be classified in the same category.

译文:激发自由结构震动(抨击,在某些情况下的晃动载荷)的瞬态脉冲载荷也可以被划分在此类别。

⑨ Simulation is then interrupted at prespecified discrete sampling points k over the mission time space.

译文:然后仿真模拟在超过任务时间规定的离散采样点 k 上被中断。

上述各句的主语在译文中仍然作为主语保留,原文是被动语态,译文也使用被动语态,原文与译文的信息基本对等,译文通顺、自然,符合汉语的习惯。

(二) 顺译成汉语主动句

有时把英语的被动句译成汉语的被动句,不符合汉语的语言习惯,所以常可将英语的

被动句顺译成汉语的主动句,原文的谓语动词是被动形式,可转变谓语,顺译成汉语的主动形式。例如:

① Materials may be grouped in several ways. Scientists often classify materials by their state: solid, liquid, or gas. They also separate them into organic (once living) and inorganic (never living) materials.

译文:材料可以按多种方法分类。科学家常根据状态将材料分为:固体、液体或气体。他们也把材料分为有机材料(曾经有生命的)和无机材料(从未有生命的)。

② For industrial purposes, materials can be divided into engineering materials and nonengineering materials. Engineering materials are those used in manufacture and become parts of products. Nonengineering materials are the chemicals, fuels, lubricants, and other materials used in the manufacturing process, which do not become part of the product. Engineering materials may be further subdivided into: Metal; Ceramics; Composite; Polymers, etc.

译文:就工业效用而言,材料可分为工程材料和非工程材料。那些用于加工制造并成为产品组成部分的就是工程材料。非工程材料则是化学品、燃料、润滑剂以及其他用于加工制造过程但不成为产品组成部分的材料。工程材料还可以进一步细分为:金属材料;陶瓷材料;复合材料;聚合材料,等等。

③ Alloys contain more than one metallic element. Their properties can be changed by changing the elements present in the alloy. Examples of metal alloys include stainless steel which is an alloy of iron, nickel, and chromium; and gold jewelry which usually contains an alloy of gold and nickel.

译文:合金包含不止一种金属元素。合金的性质能通过改变其中存在的元素而改变。金属合金的例子有:不锈钢是一种铁、镍、铬的合金,以及金饰品通常含有金镍合金。

④ Fracture toughness can be described as a material's ability to avoid fracture, especially when a flaw is introduced. Metals can generally contain nicks and dents without weakening very much, and are impact resistant. A football player counts on this when he trusts that his facemask won't shatter.

译文:断裂韧性可以描述为材料防止断裂特别是出现缺陷时不断裂的能力。金属一般能在有缺口和凹痕的情况下不显著削弱,并且能抵抗冲击。橄榄球运动员据此相信他的面罩不会裂成碎片。

⑤ Units operated at temperatures under −5 ℃ must be installed onto concrete tiles to guard against under-floor freezing. In place of concrete tiles, an under-floor heating system shall be installed on site.

译文：需要在−5 ℃以下操作的部件必须固定在水泥板上以防下面冻结，而且在水泥板下要安装加热系统。

在上述几个译文中，原文是被动语态译成汉语主动语态，但是每个句子的主语没有变化。下面，我们再看一下顺译成汉语主动语态后主语发生改变的情况：

⑥ While buoyancy distribution is known from an early stage of the ship design, weight distribution is completely defined only at the end of construction.

译文：尽管我们在船舶设计早期阶段就已经知道其浮力分布，但只有在施工建造的尾声才能完全得出结构重量分布。

该句"buoyancy distribution"看似句子的主语，实则为其逻辑宾语。翻译成汉语时，我们增加了主语"我们"，将原文的主语"buoyancy distribution"译为宾语，这样的成分转换既再现了原文的内容，也符合汉语的习惯。

⑦ In the following an attempt will be made to review the main typologies of loads：physical origins，general interpretation schemes，available quantification procedures and practical methods for their evaluation will be summarized.

译文：下文我们将试图审查载荷的主要类型：物理起源、一般解释方案、可用量化程序和总结评价的实践方法。

从形式来看，"an attempt"为原文主语，汉译时，为保留原文的逻辑顺序，增加了主语"我们"，"an attempt"变成了状语，原来不定式后面的目的状语变成了宾语，经过这样的处理，译文准确、流畅，更符合汉语的习惯。

⑧ This document may be used or reproduced by Academy members and participants.

译文：研究所成员和参与人员可使用或复印本文件。

原文是被动句，译成汉语主动句，原文的主语变成了译文的宾语，原文的宾语变成了译文的主语。当然，将原文顺译成汉语，也可以不改变原主语和宾语，即"本文件可以供研究所成员和参与人员使用"。但是，如果我们把原文译成汉语的被动句，即"本文件由研究所成员和参与人员使用和复印"，效果明显不及主动语态好。

⑨ The feasibility of the proposed SANN control scheme is assessed through the AUV simulation model.

译文：AUV 仿真模型将对所提出的 SANN 控制方案的可行性进行评估。

原文的主语在译文中变成了宾语，而原文中"through"后面的成分在译文中变成了主语，这样的译文地道、自然、流畅。

上述诸例，都是将原文被动语态译成了汉语的主动语态，原文中的主语和宾语根据汉语的语言特点和使用习惯,顺序上或作调整,或保持不变,或增加主语,一切以准确传递原文信息,符合目标语语言习惯和文体为依归。

二、倒译法

倒译法就是将英语被动句的主语汉译成宾语的翻译方法。倒译法又分完全倒译法和部分倒译法。完全倒译法是把原文"by"或其他介词后的宾语倒译成汉语的主语(这与上述谈到将英语被动句顺译成汉语的主动句有部分相似之处);部分倒译法译出的汉语句子通常是无主句。有时,工程技术英语长句的叙述层次与汉语相反,这时就须从英语原文的后面译起,自下而上,逆着英语原文的顺序翻译。

(一) 将介词后的宾语倒译成汉语的主语

工程技术英语涉及的主体通常是客观事物或自然现象,重在阐述客观事物的本质特征,描述其发生、发展及其变化过程,表述客观事物间的联系,译成汉语时往往采用被动语态,使行文具有客观性、更具有科学性,根据汉语句型结构的特点,英汉翻译时往往需要将语句中的主语和宾语部分加以颠倒。例如:

① Atoms cannot be destroyed or changed in any way by chemical reaction, all that can happen is that the arrangement of the atoms is changed so as to produce another chemical substance with different properties.

译文:任何化学反应都不能破坏和改变原子,它只能改变原子的排列,从而产生出另一种有不同性质的化学物质。

② However, only a small fraction of construction sites are visited by OSHA inspectors and most construction site accidents are not caused by violations of existing standards. As a result, safety is largely the responsibility of the managers on site rather than that of public inspectors.

译文:然而,OSHA 的检查人员所能查访到的施工现场毕竟有限,加之大多数施工现场的意外事件并非由于违反现行标准而引起。因而,现场的安全责任说到底还是应当由项目经理来承担。

③ The mechanical properties of a polymer are significantly affected by the molecular weight, with better engineering properties at higher molecular weights.

译文:聚合物的分子量极大地影响其机械性能,分子量越大,工程性能也越好。

④ In the United States, the requirements and steps of this process are set forth by the National Council of Examiners for Engineering and Surveying (NCEES), a composed of engineering and land surveying licensing boards representing all U. S. states and territories.

译文：在美国，美国国家工程与测量考试委员会（简称 NCEES）在获取工程师资格的过程中设置了一些步骤，也提出了一些要求。这一机构是由工程和土地勘测牌照委员会组成，它们代表美国所有州和地区。

⑤ Based on the results of this risk assessment, details procedures will be generated by the licensee to cover these risks.

译文：基于该风险评估的结果，被许可人将制定详细步骤以规避这些风险。

⑥ The following possible misuses of the oven must be considered and checked by the machine user to make sure that they do not arise.

译文：机器使用者必须考虑并检查下列可能的烘箱误用情况，确保此种状况不会发生。

⑦ Installation of the mechanical laboratory is left at the discretion of the Licensee.

译文：被许可人要全权负责机械实验室的安装。

⑧ The combinations of these coating systems are given in Table 1.

译文：表 1 展示了这些涂层系统的组合情况。

⑨ Trainee evaluation is performed by qualified TPE evaluators designated to evaluate trainee performance against approved technical methods and core work practice standards.

译文：由指定的有资质的 TPE 评估人员依据经批准的技术方法和核心工作实践标准开展受训人员评估。

上述每个译文中的主语和宾语分别是原文中的宾语和主语，翻译时通过颠倒主语和宾语的顺序，使译文读起来通顺、自然，更加符合汉语的习惯。

（二）倒译成汉语的无主句

对于工程技术英语的一些被动句，可以将介词后的宾语倒译成汉语的主语，或者将原文的主语倒译成汉语的宾语，变成无主句的形式。有时也会译成动宾词组作主语的句子，这种译法更符合汉语习惯，通顺自然。对于原文中未提及动作执行者（施事者）的句子常可采取这种翻译方法。

① Nitrogen has greater hardening ability with certain elements than with others, hence, special nitriding alloy steels have been developed.

译文：氮与某些元素的硬化能力比其他元素大，因此，开发了专用的渗氮合金钢。

② Depending on the fineness of the finish desired, additional coatings of sillimanite and ethyl silicate may be applied. The mold thus produced can be used directly for light castings, or be reinforced by placing it in a larger container and reinforcing it more slurry.

译文:根据最后所需光洁度也可采用硅线石和乙烷基硅酸盐。这样生成的铸模可直接用于薄壁铸件或通过将其放在较大容器内用更多耐热浆加强。

③ The fuel is charged (fed) into a vessel at the beginning of the process and the vessel contents are removed sometime later.

译文:在化学过程开始时向容器中加入原料,一段时间后把容器内的容物移除。

④ Case depths of 0.005 to 0.015 in. (0.13~0.38 mm) may be readily obtained by this process. Cyaniding is used principally for the treatment of small parts.

译文:通过这样处理,可以容易地获得 0.005 到 0.015 英寸(0.13~0.38 mm)的硬化深度。氰化主要用于处理小零件。

⑤ Any carbon-rich gas with ammonia can be used. The wear-resistant case produced ranges from 0.003 to 0.030 inch (0.08~0.76 mm) in thickness. An advantage of carbonitriding is that the hardenability of the case is significantly increased when nitrogen is added, permitting the use of low-cost steels.

译文:可以使用任何富碳气体加氨气,能生成厚度从 0.003 到 0.030 英寸(0.08~0.76 mm) 的耐磨外层。碳氮共渗的优点之一是加入氮后外层的淬透性极大增加,为使用低价钢提供条件。

⑥ It is said that the contractor use modern electronic distance measurement equipment to achieve the minimum accuracy of 1∶20,000.

译文:根据要求,承包商必须使用现代电子遥测设备,测量的最小精确度为 1∶20 000。

⑦ It therefore may be concluded that the approach described herein offers an attractive alternative method of designing multivariable autopilots for AUVs.

译文:因此可以得出结论,上述所提到的方法为 AUV 多变量自主式驾驶仪提供了一种有效的可能方法。

⑧ A hybrid learning algorithm is employed in both instances.
译文:在这两种情况下,可以采用在线形式的混合式学习算法。

⑨ Administrative controls are established and documented in policies and procedures to ensure effective OJT and TPE implementation.

译文：在政策和程序中建立和记录行政管制办法，以确保有效完成 OJT 和 TPE。

⑩ In all cases, each trainee is expected to independently demonstrate task mastery to gain qualification.

译文：在所有情况下，都期望每个受训人员能够独立展示工作熟练性以获得资质。

上述各个译文都是使用汉语的无主句将原文的被动语态翻译成了主动语态，译文既忠实于原文，又具有可读性。

（三）倒译成汉语的有主句

由于英汉两种语言在句法上各不相同：英语重物称，汉语重人称；英语多被动，汉语多主动。在把工程技术英语中的被动句翻译成汉语主动句时，可以根据汉语的表达习惯添加泛指性主语，如"我们、人们、大家、有人"等。例如：

① It is desired that some solvents can be easily recovered, separated, and purified for reuse.

译文：人们希望某些溶剂能被很容易地回收、分离和纯化，以再利用。

② Machines were developed that could produce hundreds, even thousands of identical parts that would fit into place easily and quickly.

译文：人们研制了机器，用来生产成百甚至成千个相同的部件，这些部件安装起来既简便又迅速。

③ With 2 neutrons and protons, the helium atom weighs four times as much as a hydrogen atom. On this account helium is said to have atomic weight of 4.

译文：氦原子因有两个中子和两个质子，所以是氢原子的四倍重。于是，我们说氦的原子量是 4。

④ To explore the moon's surface, rockets were launched again and again.

译文：为了探测月球表面，人们一次又一次地发射火箭。

⑤ If one of more electrons be moved, the atom is said to be positively charged.

译文：如果原子失去了一个或多个电子，我们就说该原子带正电荷。

三、综合法

英语是通过一整套系统的语法结构组合在一起的，一个英语句子可以通过增加限定成分，修饰语以及补充成分使得该句子变得冗长，一般来说，工程技术英语的句子都比较长，而汉语则强调意义的完整，一个汉语句子可以简短而意义深刻，言简意赅。因此，在实际的翻译过程中，要将繁杂的英语长句翻译成汉语，就要破句重组，根据需要可以采用分译法、合译法、顺序法、换序法等不同翻译方法，化英语长句为汉语短句，不可拘泥于原文的层次结构，用适合汉语习惯的结构来表达源语。工程技术英语的被动句可以根据汉语的表达习惯翻译成主动句，也可以翻译成被动句。例如：

① For these forms of pollution as for all the others, the destructive chain of cause and effect can be boiled down to a prime cause: too many cars, too many factories, more and more trials left by supersonic jutes, inadequate methods for disinfecting sewers, too little water, too much carbon monoxide.

译文：这些形式的污染像所有其他形式的污染一样，起破坏性的因果关系链可归结于一个主要的原因：太多的汽车、工厂、洗涤剂、杀虫剂，越来越多的喷气式飞机留下的尾气，不足的污水消毒处理方法，太少的水源，太多的一氧化碳。

这个句子是由一个主句、一个状语和一个同位语组成的。主句是"the destructive chain of cause and effect goes back to a prime cause"，主句前的内容是方式状语，主句后的内容是主句的同位语。原文各句的逻辑关系、表达顺序与汉语基本一致，因此可以按照原文的顺序翻译成汉语，原文中的被动结构翻译成汉语的主动结构。

② About 5.2 billion metric tons of CO_2 are emitted by fossil fuel into the air each year, while the burning of tropical forests emits roughly 1.8 billion metric tons of CO_2—both contributing to a build up of carbon dioxide that will soon trigger the greenhouse effect.

译文：矿物燃料每年大约向大气中释放 52 亿公吨二氧化碳，同时热带森林的燃烧大约释放出 18 亿公吨二氧化碳——这两方面都对二氧化碳的集结产生作用，因而会很快引发温室效应。

在原文中，第一个分句是主句，第二个分句是主句的并列句，第三个分句是同位语，最后一个分句是定语从句，其表达习惯与汉语基本一致，因此可以按原文的顺序翻译成汉语。其中，原文中的被动结构翻译成汉语的主动结构则更为自然。

③ Rocket research has confirmed a strange fact which had already been suspected, there is a "high-temperature belt" in the atmosphere, with its center roughly miles above the ground.

译文：人们早就怀疑，大气层中有一个"高温带"，其中心在距地面约 30 公里的高空。利用火箭进行研究后，这一奇异的事已得到证实。

原文由一个主句(第一句)，带上一个定语从句和一个同位语从句构成。根据汉语的表达习惯，用换序法进行翻译，更显自然、流畅。此外，原文中的被动语态也翻译成了汉语的主动语态，且增添了"人们"做主语。

④ While soil beds have been shown to control certainty types of odors and VOC efficient and at fairly low capital and operating coat，their use in the U. S. has been limited by the low biodegradation capacity of soils and the correspondingly large space requirements for the beds.

译文：虽然已证实土壤床可用相当低的投资和操作费用来有效控制某些类型的臭气和挥发性有机化合物，但是，土壤的低生物降解能力和相当大的占地要求限制了土壤床在美国的应用。

原文前半句是一个被动句，表述重点显然在后半部分，翻译时应摆脱原文句型的束缚，按照汉语的行文习惯，运用转折关联词，打破重组原文的语序，用主动句翻译原文的被动句。

⑤ If a Practical Completion Certificate has been issued for any part of the Works (other than a Section)，the liquidated damages for delay in completion of the remainder of the Works (and of the Section of which it forms part) shall，for any period of delay after the date stated in such Practical Completion Certificate，be reduced in the proportion which the value of the part so certified bears to the value of the Works or Section (as the case may be).

译文：如果任意部分工程的实际竣工证书已颁发（分项工程除外），则因误期完成剩余工程（和包含该部分的分项工程）（该实际竣工证书注明的日期之后的任何延期）所产生的损害赔偿费应减少。损害赔偿费应根据已颁发部分的价值相对于整个工程或分项工程（视情况而定）总价值的比例减少。

该句型结构复杂，句子主干为"the liquidated damages … shall be reduced … "，句首放置了一个由"if"引导的条件状语，而谓语"be reduced"前插入了时间状语"for any period of delay after the date stated in such Practical Completion Certificate"，表明主句动作的时间限制。该插入语打破了句子的连贯性，因此翻译时应运用分译法，将句子拆分为两句，先将句子主干部分译为第一句，将插入语用括号形式插在其修饰的成分后，然后另起一句说明主语"the liquidated damages"的计算方式，以切合汉语的逻辑结构，使译文更为流畅自然。此外，原文中的两处被动句均依据汉语的习惯译成了主动句。

此外，英语中长句所表达的内容具有严密性、准确性和逻辑性较强等特点。工程技术英语中复合长句结构复杂，层次多样，多用从句和各类非谓语结构，翻译时应厘清各层次之间的逻辑关系，抓住句子主干，分清修饰成分和补充成分。例如：

⑥ These caliber logs are very useful，not only for technical control，but mainly for the detection of soft formations which have been caved out during drilling，of solid formations which retain their caliber，and of porous formations which show a narrower caliber because their surface is covered by mud cake.

译文：这种井径测井非常有用，不仅仅是为了技术控制，而主要是为了探测软地层、硬地层和多孔地层,软地层在钻井时就已坍塌,硬地层保持井径不变,多孔地层井径窄小,因为表面盖有一层泥饼。

该句中"not only ... but"连接的成分是两个状语,后一个状语的中心词是"detection",后面有三个"of ..."介词短语修饰它,每个"of"短语又带有一个定语从句。在翻译的时候,按汉语的习惯,先将后面三个"of"短语的中心词并列译出,然后再分别把三个定语从句的内容放到最后。

⑦ Metals that have been carefully treated to remove all foreign materials seize and weld to one another when slid together. In the absence of such a high degree of cleanliness, adsorbed gases, water vapor, oxides, and contaminants reduce friction and the tendency to seize but usually result in severe wear, this is called "unlubricated" or dry sliding.

译文:经过精心处理去除了所有杂质的金属在相互滑动时,会粘附(seize)或熔接(weld)到一起。当达不到高的清洁度(cleanliness)时,吸附在表面的气体、水蒸气、氧化物(oxide)和污染物会降低摩擦力并减少黏附的趋势,但通常会产生严重的磨损,这种现象被称为"无润滑"摩擦或干摩擦(dry sliding)。

该例句中,除了使用大量的专业词汇,比如 seize(粘附)、weld(熔接)、oxide(氧化物)、friction(摩擦力)、unlubricated(未经润滑的)等,还有着较为复杂的句法结构:主语 metal 后接一个较长的定语从句,首句和句末的时间状语从句采用简化的处理方法,省略了从句主语和 be 动词,第二句话的并列结构后又加上了非限定性定语从句,从而增加了全句的复杂性。

⑧ If a hard grade wheel was to be used for grinding a hard material, the dull grains would not be pulled off from the bond quickly enough, thus impeding the self-dressing process of the surface of the wheel and finally resulting in clogging of the wheel and burns on the ground surface.

译文:如果使用硬砂轮磨削硬的材料,磨钝的磨粒就不能很快从黏结体上脱落,这样便妨碍砂轮表面的自锐过程,最终导致砂轮的堵塞并在被磨表面留下灼斑。

工程技术英语的用词和表达方法都比较严谨准确,一般一句话要包含几个分句。对于这种复杂长句,一般要采用压缩主干法进行逐步翻译。具体地讲,仔细阅读原文,准确理解原文内容,搞清楚各部分之间的修饰关系,把句子简化到只剩下主干部分,然后从基本句型开始翻译,一步一步添加修饰成分,直至完整通顺地表达原文的内容和风格。

⑨ A condition that lies between unlubricated sliding and fluid-film lubrication is referred to as boundary lubrication, also that condition of lubrication in which the friction between surfaces is determined by the properties of the surfaces and properties of the lubricant other than viscosity.

译文：处在无润滑滑动和流体膜润滑之间的状态被称为边界润滑,也可以被定义为这样一种润滑状态,在这种状态中,表面之间的摩擦力取决于表面性质和润滑剂中除黏度以外的其他因素。

本句中有两个定语从句,翻译此句时首先要厘清结构,找出主干,然后再将相应的修饰成分依次递加在相应的位置。

⑩ The material was applied by the "flood" approach, where it was applied in excess to the de-oxidized surface of aluminum coupons and allowed to dry. A second application was performed by "flooding" the coupon surface but also by "buffing" the surface, while still moist, with a lint-free cloth. A third application was performed, but in this step the material was applied directly to a lint-free cloth and applied to the surface of the coupon. The total thickness after three applications of CSP was in the order of 1 um.

译文：该材料采用"浸涂"法施涂。第一遍施涂时,施涂区域超过铝试片的脱氧表面区域并待其干燥。第二遍施涂时,"浸涂"试片表面,并且在表面仍湿润的情况下,用一块无纺布"抛光"试片表面。第三遍施涂时,直接将施涂材料涂于无纺布上,再用该无纺布将材料擦到试片表面。三层 CPS 施涂的总厚度为 1 微米。

科技英语文章的逻辑严密、脉络清晰除了表现在整体结构方面,还反应在句与句之间的联系上,上面这个例句虽然原文第一句没有提到这是"第一遍"施涂,但根据后文内容,应当进行增译,以便给译文读者呈现更具直观性和操作性译文。

⑪ This primer has excellent corrosion resistance, fluid and solvent resistance, excellent inter-coat adhesion and has been used on a wide variety of military aircraft and weapon systems.

译文：该底漆具有优良的耐腐蚀性、流动性、溶剂性和优良的层间粘合力,并已被广泛应用于多种军用飞机和武器装备。

⑫ Corrosion resistance was evaluated with ASTM B117 Salt Spray, ASTM D2803 Filiform Corrosion Resistance Test, and Electrochemical Impedance Spectroscopy (EIS). ASTM D4541 Pull-off Strength (PATTI) Test and GE Impact Flexibility Test were also utilized to characterize these coating systems.

译文：用 ASTM B117 盐雾试验、ASTM D2803 耐丝状腐蚀试验和电化学阻抗谱(EIS)对耐腐蚀性进行评估。同时,还使用 ASTM D4541 拉脱强度(PATTI)试验和 GE 冲击韧性试验来判定这些涂层系统的特征。

在上述两个例句中,第一个例子是一个句子,在同一个主语的后面跟着由连词"and"连接的两种不同语态的谓语动词,第一个谓语动词是主动语态,第二个谓语动词是被动语态。在翻译时,为保持一致性,仍将原文的主语译作主语,按着原文的语序和语态译下去。第二个例子是两个句子,均使用被动语态。第一个句子的主语是"corrosion resistance"(耐腐蚀性),状语是评估耐腐蚀性的三种实验方法。第二个句子叙述的仍是评估耐腐蚀性的实验方法,但却没有像第一个例子一样将"corrosion resistance"作为主语,而是承前启后地将"ASTM D4541 Pull-off Strength（PATTI）Test"和"GE Impact Flexibility Test"这两种实验方法作为主语。在翻译时,根据汉语主语一致的习惯,将两个句子都统一译为省略了泛指性主语"我们"的无主句,这样更易于译文读者的理解。

⑬ Each cylinder therefore is encased in a water jacket, which form part of circuit through which water is pumped continuously, and cooled by means of air drawn in from the outside atmosphere by large rotary fans, which are worked by the main crankshaft, or in the large disel electric locomotives, by auxiliary motors.

译文:因而每个汽缸都围有一个水套,水套形成循环水路的一部分。水在回路中不断地流动,并由大型旋转风扇从外部鼓入空气使水冷却。大型旋转风扇是由主曲轴带动的,而在大型电力传动内燃机车上则由辅助电机来带动。

通过分析该句子可以发现,这是由一个主句和两个定语从句组成的主从复合句,并带有若干后置分词定语及介词短语,整个复合句是包孕式,表层语法结构比较复杂,但抽出句子主干后,问题就迎刃而解了。该句子的主句为"Each cylinder therefore is encased in a water jacket",第一个定语从句"which form part of a circuit"用以修饰"water jacket",剩下的内容为第二个定语从句,先行词为"a circuit","air"后面的部分作为一个整体对其进行修饰,而其中"which"引导的定语从句用以修饰"large rotary fans"。

我们知道,英语是形合语言,注重句子形式以及逻辑结构,句中多用语言形式手段连接,因而英语句型多使用复杂长句,仿佛是"参天大树、枝叶横生"。翻译工程技术英语长句时,可以压缩其主干,然后再逐步梳理其枝蔓。首先通读全句以确定其句子种类是简单句还是复合句。若为简单句,则首先找出其主语和谓语,再分析其他语法成分;若为复合句,则首先找出主句,然后再确定各从句的性质及作用,判断各从句之间的关系,并对各成分进行层次分析。

本章练习

一、请将下面句子翻译成中文，注意被动语态的译法。

1. Steal elements can be joined together by various menas，such as bolting，riveting，or welding.

2. In sintering，ceramic powders are processed into compacted shapes and then heated to temperatures just below the melting point. At such temperatures，the powders react internally to remove porosity and fully dense articles can be obtained.

3. At least two quarts of water are required daily by a normal individual.

4. The so-called precious pearls have been found to be common stones.

5. Account should be taken of the low melting point of this substance.

6. On account of the fact that there is always a resistance due to friction whenever one art of a machine moves over another，some work must be done in moving the parts of the machine itself.

7. Some polymers are weakened and destroyed by a combination of sunlight and oxygen.

8. It should be remembered that the transitions that have been described by the phase diagrams are for equilibrium condition，which can be approximated by slow cooling.

9. In roughing cuts，it is recommended that large depths of cuts and smaller feeds be used.

10. The current mobile hopper will be removed and one new mobile hopper will be added，which is connected fixedly with and driven by the new gantry crane.

11. The firebricks at the reaction shaft roof presently are of arch and suspension combined structure, which is to be replaced with full suspension flat roof structure.

12. Hardness is usually expressed in terms of the area of an indentation made by a special ball under a standard load, or the depth of a special indenter under a special load.

13. Annealing is usually accomplished by heating the steel to slightly above the critical temperature, holding it there until the temperature of the piece is uniform throughout, and then cooling at a slowly controlled rate so that the temperature of the surface and that of the centers of the piece are approximately the same.

14. I have excluded him because, while his accomplishments may contribute to the solution of moral problems, he has not been charged with the task of approaching any but the factual aspects of those problems.

15. Television is one of the means by which these feelings are created and conveyed and perhaps never before has it served so much to connect different peoples and nations as in the recent events in Europe.

16. During this transfer, traditional historical methods were augmented by additional methodologies designed to interpret the new forms of evidence in the historical study.

17. Most of the questions have been settled satisfactorily, only the question of when the transplanting will take place remains to be considered.

18. This seems mostly effectively done by supporting a certain amount of research not related to immediate goals but of possible consequence in the future.

19. It is known that the brain shrinks as the body ages, but the effects on mental ability are different from person to person.

20. Owing to the remarkable development in mass-communications, people everywhere are feeling new wants and are being exposed to new customs and ideas, while governments are often forced to introduce still further innovations for the reasons given above.

二、请将下面段落翻译成中文，注意被动语态的译法。

1. Pull-Off Strength (PATTI) Adhesion Test was performed according to ASTMD 4541 – 02 and to the SEMicro manufacturer's guidelines, with the modification that a circle was milled around the area testing location through to the substrate to eliminate possible elasticity effect from the coating system. Nine replicated per coating system were tested to control anomalies in testing. After performing pull-off test the data was recorded as pull-off value (psig) and then converted to psi using Formula 1.

_____

_____

_____

_____

2. It should be noted however, that when the sunk costs of existing at reactor ISFSIs（独立乏燃料贮存设施） are included in the overall cost of constructing and operating new central storage facilities, it is cheaper to keep the spent fuel at the active reactor sites. Many of the costs of spent fuel storage, such as security, are almost independent of the quantity of spent fuel that is stored at a site. For sites with operating reactors producing spent fuel and having existing ISFSIs, removal of some SNF has little impact on site operational costs.

_____

_____

_____

_____

3. Salt Spray testing was performed according to ASTM B117. Coated samples were scribed and exposed to Salt Spray (5% NaCl) for 2000 hrs. Ratings were taken every 500 hrs, but final data at 2000 hrs was used as the benchmark data for comparison of coating behavior. The requirement for a 2000-hr salt spray exposure is in MIL-PRF – 23377 for both the coating system without topcoat and complete system with topcoat. The specification calls for chromated systems to exhibit no corrosion in the scribe after 2000 hrs of exposure and for all systems, chromated and non-chromated, to exhibit no blistering, lifting, or substrate pitting after 2000 hrs of exposure. The photographs of the coated panels after 2000 hrs of salt spray test are shown in Figures 3 & 4. Visual ratings of tested systems are summarized in Table 2.

_____

_____

_____

_____

4. Coated specimens were evaluated using the guidelines in MIL-PRF-23377. Only the complete coating systems (with top coats) were tested. The photographs of the coated panels after filiform test are shown in Figure 1. A template was used to evaluate the extent of filiform corrosion growth, where there are 4 rows of 10 squares that are $1/8'' \times 1/8''$ in size. The two exposed legs of the scribe were measured using this template to determine the total number of squares where filiform occurs. A reading of 40 or less generally indicates filiform corrosion that extends 1/8 inch or less from the edge of the scribe. A reading of $40 \sim 80$ generally indicates filiform corrosion that extends between 1/8 inch and 1/4 inch. Filiform growth beyond 1/4 inch is measured and added to the total number of blocks from the 1/8 and 1/4 inch markers on the template, and can be distinguished, generally, by readings greater than 80. The filiform requirements appear in MIL-PRF-23377, and state no filiform should extend beyond 1/4 inch from the scribe and the majority of the filiform should be no further than 1/8 inch.

_____

_____

_____

_____

第八章

工程技术英语语篇翻译

✔参考答案
✔学术探讨
✔拓展资源

☐ 英语语篇的衔接与连贯如何实现？

☐ 工程技术英语语篇的特点是什么？

☐ 工程技术英语语篇的翻译原则是什么？

在前面的章节中，我们分别讨论了工程技术英语翻译过程中词汇、否定句、被动语态、长句等相关翻译方法和翻译技巧。本章将从语篇的衔接与连贯谈起，分析英汉语篇的不同之处，结合工程技术英语的语篇特点，探讨工程技术英语语篇翻译的原则与技巧。

翻译实践中我们往往会发现，即便小语篇层面上的单词和句子理解得都比较准确，但是整个译文读起来仍然会存在条理不清、逻辑混乱、语义模糊等诸多问题。这是因为语篇虽然是由相对独立的单词和句子组成，但却不是机械地堆砌而成。语篇包括词素、词、词组、子句、句、段落以及篇章等不同的级层体系，所有级层都同等重要。一个语篇往往有一个主题，语篇内的所有句子都是为了体现语篇的整体意义、主旨和风格而进行扩展联结的，并实现一定的交际功能。

因此，翻译的单位不是单词，也不是单个句子，而是整个语篇，我们不仅需要传译语篇的交际功能和语用意义，更应该强调语篇层面上各类意义的转述及其语境内涵。

第一节　英语语篇的衔接与连贯

　　语篇是相互关联、意义统一的整体。构成语篇的单词、短语和句子都是按照某种逻辑语义关系排列组合而成,这种词句之间排列组合的基本规律就是语篇之间的衔接与连贯。换句话说,语篇不是互不相关的句子堆砌而成,而是由一些意义相互关联的句子为了达到特定的交际目的,通过各种衔接与连贯手段而实现的有机结合。

　　韩礼德的系统功能语言学认为,语篇的衔接与连贯主要通过两种方式实现,即语法衔接和词汇衔接。语篇是基于语义的单位组合,因此无论是何种衔接手段,都是立足于整个语篇而言的,都应该着眼于整个语篇的逻辑语义关系,同时也是翻译实践过程中遣词造句、连句成篇需要考虑的重要依据和因素。

　　翻译研究的本质是一种语言活动,需要通过遣词造句来进行交际,无论是词语的选择,还是句子的搭建,都需要充分考虑词与词、句与句之间逻辑语义衔接关系。由于英汉两种语言分属不同语系,其衔接方式和具体处理方法势必存在一定差异,这也是工程技术英语翻译过程中需要格外留心之处,因为这些差异往往能够体现语言转换中的普适性规律。因此,在工程技术英语翻译过程中,深入了解并熟练掌握英汉两种语言在语篇衔接方面的异同之处至关重要。

一、语法衔接

　　简单来说,语法衔接是指使用照应、替代、省略和连接等语法特征实现语句衔接的方式,既能反映语篇中不同句子之间的边界关系,又能体现其句际之间的形式连接。

(一) 照应

　　"照应"(Reference)是最为普遍的语法衔接手段之一,同时也是一种语义关系。在某个语篇中,如果不能通过某个词语本身理解其意义,往往需要结合该词所指称的对象对其进行理解,指代成分与其指称对象之间的这种语义联系,就是照应。照应分预设照应对象,两者之间是相互参照和解释的关系。在工程技术英语语篇的理解过程中,要始终能够识别照应对象,从而更好地分析语篇内部的前后承接关系,而在翻译过程中,同样也要善于运用照应手段,使得译文更加言简意赅。一般说来,照应可以分为人称照应、指示照应及比较照应。

1. 人称照应

　　英汉两种语言中,人称照应体系不尽相同。例如,汉语中除了有与英语相对应的第一、二、三人称的单、复数以外,还有"咱们""您""人家"等;英语中人称代词的性、数、格都有形态变化,而汉语中只有第三人称才有性别之分,汉语中通过在人称代词的单数形式后面增加"们"或数词来表示复数意义,例如,"我们""你们""他们俩"等。

因此,译者应该意识到人称照应在英汉语篇中衔接作用的不同之处。例如:英语中使用人称代词的频率远远高于汉语,如果将英语中的人称照应全部翻译成汉语,译文势必就会显得啰唆;相比之下,汉语中经常通过零指代和重复来体现照应的语义关系。在工程技术英语翻译过程中,往往可以采取省略、重复、重述等多种衔接手段来构建译文。例如:

① They don't want to download music to their phones.
译文:他们不想把音乐下载到手机里。

很明显,该句中的"their"不必译出,不言自明。

② Listing 9 introduces some controllers and illustrates how they work.
译文:清单 9 介绍了一些控制器,解释了控制器是如何工作的。

原文中的"they"回指前文的"controllers",按照汉语的衔接习惯,通过复述将其译成"控制器"比直接将其译成"它们"更能增强译文的上下文衔接效果。

2. 指示照应

英语通常用指示代词或相应的限定词以及冠词等来表示照应关系,根据事物在时间或空间上的远近不同而分为"近指"和"远指",既包括可以用作限定修饰语的"this,these,that,those"等,也包括中性指示的定冠词"the"和副词附加语"here,there,now,then"等。然而,汉语中的指示照应除了"近指"和"远指"以外,还可以指人、事、处所、时间、形状、状态或程度,如:"这些""那儿""这会儿""这么""这样""那样"等。

指示照应系统并不十分复杂,但其在承接语篇上下文的语义关系时却起到相当重要的纽带作用。在工程技术英语翻译过程中,不能简单死译,必须结合行文逻辑,根据实际语义衔接关系的需要,以是否有利于加强衔接为标准,而做出灵活变通处理。例如:

① The economic impact of the crisis is going to be substantial.
译文:这次危机带来的经济影响将是重大的。

在英语的指示照应中,定冠词"the"往往表中性指示,具有衔接作用。然而,汉语中确切来讲并没有对应的定冠词,因此通常采用"零冠词"照应,将其省去不译。

② The engineer wanted to regulate the flow of water, but he had no idea how to do that.
译文:工程师想调节水流,但不知道该怎么做。

在英语的指示照应中,使用"that"回指的频率远远高于"this",该例句中的"that"显然回指前文提及的内容;而汉语则不同,汉语中"这"的使用频率远远超过"那",但这并不意味着英译汉的过程中要将所有的"that"都翻译成"这"。该例句将"that"处理成零照应,省去不译,合乎汉语的逻辑语义关联。

3. 比较照应

比较通常涉及两个事物,语篇中用来比较事物异同的形容词、副词及其比较级等,都是比较照应关系,具有衔接上下文的作用。一般来说,英语主要通过词汇和语法手段来体现比较照应,而汉语则往往通过词汇和句法手段表达比较照应。

总体来说,英汉两种语言中比较照应衔接基本相似,大多通过形容词或副词手段实现,如英文中的"same,equal,similar",汉语中的"同样的""同等的""类似的"等。但是,在具体比较时,英语往往通过改变形容词和副词的形态变化的方式来实现,如"more"和"better"等;而中文则未必一定用"更"或"更加",而是可以根据上下文语义关系的推进和连接,做出变通处理。例如:

① They have a better chance to win.

译文:他们获胜的机会更大。

该句中的"better"并没有翻译成"更好",而是在使用表示比较照应的词汇"更"之外,结合上下文将其灵活处理为"更大",在承接前后语义关系的基础上,强化了衔接。

② There is an urgent need for better protection of the wild birds in the urban area.

译文:亟须加强对城市地区野生鸟类的保护。

同样,该句中的"better"也没有翻译成"更好",而是使用无标记词汇"加强"来体现"更好"这一语义关系,使得这一比较照应衔接在汉语中更为自然、顺畅。

(二) 替代

顾名思义,"替代"(Substitution)就是用替代形式取代上下文中的某一成分。从语法和修辞角度来说,替代是为了避免重复而采用的一种有效的语言表达手段;而从语篇角度出发,替代则是一种不可或缺的衔接手段,因为只有找到替代形式所替代的成分,才能理解其准确意义。

需要强调指出的是,替代和照应存在一定差别。前文所提到的照应是建立在语义层面之上的,指代成分和指称对象在语义上是完全相同的同一事物,两者在语义上互相认同且具有一致性。相比之下,替代则是建立在语法层面之上的,替代形式和被替代成分则是同一类事物中的不同对象。如,"I bought my daughter a dress yesterday, and she likes it very much.",该句中的指代成分"it"和所指称的对象"dress"是同一件事物,即"我昨天买的那条裙子"。再如,"I ordered a cup of coffee, and she did the same.",此句中"她点的咖啡"和"我点的咖啡"却不是同一杯咖啡。

通常说来,英汉翻译的过程中,一般采用以替代对替代、以复现对替代两种策略来实现替代的语篇衔接。但是,英汉在工程技术英语翻译的过程中,还是要具体问题具体分析,既不能机械照搬英文中的表达,又要在兼顾语言使用的经济原则基础之上确保译文的清晰度和准确性。例如:

① Penicillin is one of the effective antibiotic for infection and the most common one as well.

译文:青霉素是一种有效的治疗感染的抗生素,也是最常用的抗生素。

系统功能语言学认为,替代分为名词性替代、动词性替代和小句性替代三种。该例句原文中的"one"在英语中是一种十分常见的单数形式的名词性替代(其对应的复数形式是"ones")。相比之下,汉语中替代现象的出现频率并不高,译文则是复现了"one"一词所替代的对象,通过以复现对替代的方式实现了语篇的衔接,将其处理为"抗生素",使其语义更为具体明确。

② In this method,two columns are created:one for ascending ordering, the other for descending ordering.

译文:这种方法需要创建两列:一列用于升序排列,另一列用于降序排列。

实际翻译过程中通过对比英汉两种语言不同的替代方式,不难发现词汇在语篇中绝不是孤立的语义单位。例如,该例句中"one"的具体语义在很大程度上取决于前文中的"column"在其所属的语义群中的具体意义,这就需要我们结合具体语境对其进行翻译,此处将其处理为"列"。

(三) 省略

将语篇中某个已知成分进行省略,以较少的语言单位传达较多的信息量,从而避免重复,以期减少交际双方的编码和解码负担,以实现高效表达、突出信息的目的,这种衔接方式就是"省略"(Ellipsis)。省略结构和省略成分之间的预设关系能够有效实现语篇的前后衔接,使得行文更加紧凑简洁。和替代相似,省略通常包括名词性省略、动词性省略和小句性省略三种情况。

但是,由于英汉两种语言在结构上存在本质差异,其省略现象也大不相同。总的说来,英语因受到西方形式逻辑的哲学背景影响而重形合,其思维逻辑较为严密,表达方式较为精密,语法关系较为严谨,其省略形式大多伴有形式或形态上的标记。然而汉语的思维方式则较为形象具体,除了汉语本身是象形文字以外,其组词造句方面也处处体现以神统形的特点,词组中的词语之间、句子中的成分之间经常没有明显的连接词而意义自现,各种逻辑关系隐含于意义之中。通常说来,汉语中省略的使用频率远远高于英语,英语的省略大多情况下都有形式或形态上的标记,而且汉语的省略更注重意义的表达,不太考虑语法和逻辑。因此,在工程技术英语翻译实践中,同样需要结合英汉语篇在省略衔接上的差异,根据具体的语义关系灵活处理。例如:

① The sparker was originally developed for fundamental studies of underwater sound propagation and of subbottom geology.

译文:火花发生器原来是为了进行关于水下声波传播及海底地质的基础性研究而制造的。

该例句中,在"of subbottom geology"前面省略了"fundamental studies",属于名词性省略,译文复现了被省略的部分。

② Waves whose vibrations are vertical can get through the fence although waves with vibrations in all other directions cannot.

译文：垂直振动的波可以穿过栅栏，而其他方向的波则无法穿过。

该例句属于动词性省略，在"cannot"后面省略了"get through the fence"，译文采用了替代衔接，将其译为"无法穿过"。

③ What should we estimate，why and how often?

译文：我们应当估算什么，为什么进行估算，及多久估算一次？

该句英语原文是小句性省略，在"why"和"how often"后面省略了"should we estimate"，汉语译文对其进行重复，也属于替代衔接的方法。

（四）连接

"连接"（Conjunction）是指语篇中句子与句子之间的逻辑语义关系，即句子与句子之间是在什么意义上联系起来的，通常包括详述、延伸和增强三个大类。英语和汉语都同时存在体现逻辑语义关系的隐性特征和显性特征，其连接手段也有很多共同之处，如连接成分大多出现在句首等。但是相对来说，英语语篇中的连接成分更趋于呈现显性特征，而汉语语篇中的连接成分则更趋于呈现隐性特征。

因此，在工程技术英语翻译中，英译汉时不能以英文原文为标准来划分句界，而要以语义关系为标准。汉语重意合，句中成分及句际之间的衔接大多着眼于语义的贯通和语境的映衬，所以英译汉时更多应该从汉语的衔接构建特点出发而连句成篇，有时可以省略汉语中无关紧要的连接词，有时则反而需要补充原文中并未出现的连接成分以实现语义连贯。例如：

① Strengthen institutional capacity of urban authorities by creating a complete up-to-standard network.

译文：加强市政当局机构建设，健全机构网络。

该句英语原文中的"by"体现了句子两部分之间的意思联系，译文将其省去不译，用了一个逗号体现了上下文之间的关系。

② China's international cooperation in AIDS：with WTO，EU，UNDP，UNICEF，the World Bank.

译文：中国有关艾滋病的国际合作：世界卫生组织、欧盟、联合国开发计划署、联合国儿童基金会、世界银行。

很显然，该句原文通过"with"实现了标题与正文的连接，而译文将英语的显性连接变成了汉语的隐性连接，将其省去不译。

③ While applications on handhelds typically do provide some functions in the form of buttons，due to screen real-estate limitations，toolbars are not always possible，so the only way to provide access to the vast majority of functions is through a menu system.

译文：手持设备的应用通常以按钮的方式来提供功能，但是由于屏幕尺寸的限制，工具栏通常都不可能实现，因此访问大多数功能的唯一途径是通过菜单系统。

正如前文所说，因为英语和汉语在语篇连接成分的使用方面有较大差异，英译汉时应该考虑汉语的衔接建构特点来连句成篇，有时需要对汉语中无关紧要的连接词予以省略，如该句原文中的"while"；有时也需要补充原文中并未出现的衔接成分，如译文中的"但是"；当然，也有时候需要对原文中已有的衔接成分进行调整和变通。

总而言之，在语篇翻译的过程中，语法手段衔接的理解和应用至关重要，厘清原文的语法衔接手段及语义关系，可以帮助我们更好地理解原文；在准确分析原文语篇逻辑层次的基础上，充分考虑译文的语篇逻辑及语法衔接特点，则能够在有效传译原文信息的同时更好地衔接重构译文。

二、词汇衔接

相比语法衔接而言，词汇衔接表达的意义关系更为具体、更为复杂，往往通过语篇中一对或一组具有某种语义联系的词而实现，其本质是通过形式关联和指称关联来建立某种语义上的关联。具体来说，词汇衔接可以表现为词与词之间在语义上的全部或部分重复；也可以是词与词之间在使用搭配上的共现。功能语言学将英语语篇的词汇衔接关系通常分为两大类，即重述关系和共现关系。

（一）重述

"重述"（Reiteration）是一种包含词项重复的词汇衔接形式，这种词义联系表现为语篇中词与词之间在语义上的全部或部分重复，具体体现为同一词项的原词复现、同义词复现、近义词复现、上下义词复现等等。

具体而言，原词复现指同一表达的反复出现，可以是连续重复，也可以是间隔重复，抑或是排比之类的结构反复；同义词、近义词复现是指两个或两个以上有意义相同或相近的概念意义的词重复出现，从而加强上下文的衔接；上下义词的复现则指一个成分所表达的意义属于另一个成分所含的意义范围之内。如：

① Democracy is a wonderful gift，but it is no free. On the contrary, democracy is also a responsibility. There comes a time when citizens, acting together in a democracy，can truly force change.

译文：民主是美好的礼物，但是民主不是无偿的。相反，民主也是一种责任。有一个时刻，民主国家里的公民集体行动就能真正推动变化。

该句原文中"democracy"一词反复出现了 3 次，但其意思却不尽相同。前两个

"democracy"都是抽象意义,意为"a system of government by the whole population or all the eligible members of a state, typically through elected representatives",即"民主制度、民主主义"。但是,最后一个"democracy"的意义已经发生了变化,不再是之前的抽象意义,而是一个具体名词,意为"a state governed in such a way",即"民主制国家",因此翻译过程中,需要对其做出相应的意义调整。

② My time as an undergraduate coincided with years of cultural tumult, controversy, and tragedy, including the escalation of the Vietnam War, the withdraw of President Johnson from the presidential race and the assassinations of Martin Luther King, Jr. and Robert Kennedy. There was a spirit of civic involvement that permeated the campus, despite the social upheaval that marked the late 1960s.

译文:我读本科期间,正好赶上文化大动乱、大争论和大悲剧的岁月,包括越战升级、约翰逊总统退出总统竞选以及小马丁·路德·金和罗伯特·肯尼迪被刺杀等事件。尽管20世纪60年代末社会大动荡,但当时民众参与的精神渗透了校园。

该语篇选自《新闻周刊》,是希拉里·克林顿2006年面向青年人发表的一篇演讲稿,主题为"如何选择未来的职业,实现人生抱负"。希拉里的大学时代处于20世纪60年代末70年代初,当时的美国正处于争取民权平等的年代。结合该历史背景分析原文,不难发现原文最后一句中的"the social upheaval"(社会大动荡)是一个上义词,涵盖前文中所提及的"cultural tumult"(文化大动乱),"controversy"(大争论),"tragedy"(大悲剧),而"cultural tumult, controversy, tragedy"更为具体的内容为文中提到的"the escalation of … ""the withdraw of … "以及"the assassinations of … "等一系列具体事件。为了更好地体现上下文的语境衔接,汉语译文对原文进行了适当引申,在下义词"cultural tumult, controversy, tragedy"之前增译了"大",并通过重复使用该词,强化了演讲的主题。

通过上述译例不难看出,正确识别和理解语篇中的词汇衔接手段,可以准确理解原文的深层含义,同时为译文的选词造句提供支撑和理据。因此,翻译工作者必须要有意识地体会原文中的各种重述关系及其微妙的差异,才能更好地提高译文的精确度。

(二) 共现

与重述相比,"共现"(Collocation)关系相对更为微妙,指词汇在某一语篇中共同出现的倾向性。具体来说,某一语篇中出现的词汇往往围绕特定话题展开,不太可能或根本不会出现与话题无关的词汇,这种词汇之间的关系链即被称为词汇共现。词汇共现虽然没有语法衔接手段明确,但其所涵盖范围却更为广泛,不仅仅局限于同一词类之间的此项关系,也不仅仅包括某个词组或句子内部的词与词之间的横向组合关系,而且还包括跨句,甚至跨段落之间的词汇共现关系,所涉及的词项之间往往存在若干种共现模式和语义关系,涵盖一切具有语篇衔接力的词项关系,既和谐统一,又相互参照。

共现衔接包括封闭型和开放型两种:封闭型共现关系通常限于词组或句子内部而言,是词组或句内的词与词之间的横向组合关系,如"camping"和"trip","household"和"chores";开放型共现关系则超越了句子层面,着眼于整个语篇的连贯,指同一语境中习惯性共现的词项间的关系,如"technology""science""digital""electric"等词汇往往会同时出现在某一与科技相关的语篇中,围绕着某一语义中心而构成一种词汇链,以极强的衔接力实现语篇上下文的语义连接,开放型共现关系具体可以表现为反义关系、互补关系、局部与整体关系等。如:

① Please provide the following information concerning your biological parents. If you are adopted, please provide the following information on your adoptive parents.

译文:请提供以下有关您生身父母的信息;如果您是领养的,请提供有关您养父母的信息。

英语原文中的"biological"本意为"of or relating to biology or living organisms(生物学的;生物体的)"。但是根据该句上下文的语境,不难看出该词与后文的"adoptive"构成一种相反的语义关系,即反义共现关系。因此,可以将其理解为"(of a parent or child) related by blood",即"(父母,子女)有血缘关系的",翻译为"生身父母"。

② As the war in Iraq continues for a fourth year, the global image of America has slipped further, even among people in some countries closely allied with the United States, a new opinion poll has found.

Favorable views of the United States dropped sharply over the past year in Spain, where only 23 percent said they had a positive opinion, down from 41 percent last year, according to the survey. It was done in 15 nations, including the United States, this spring by the Washington-based Pew Research Center.

Other countries where positive views dropped significantly include India (56 percent, down from 71 percent); Russia (43 percent, down from 52 percent); and Indonesia (30 percent, down from 38 percent). In Turkey, only 12 percent said they held a favorable opinion, down from 23 percent last year.

Declines were less steep in France, Germany and Jordan, while people in China and Pakistan had a slightly more favorable image of the United States this year than last. In Britian, Washington's closest ally in the Iraq war, positive views of America have remained in the mid-50-percent range in the past two years, down sharply from 75 percent in 2002, before the war.

译文:新的民意调查发现,随着伊拉克战争进入到第四个年头,美国的全球形象进一步下滑,即使在与美国结为紧密盟友的国家的人民当中亦然。

根据这项调查,在西班牙对美国有利的看法的百分比在过去的一年中急剧下降——那里仅有23%的人表示其看法是正面的,而去年是41%。这项在包括美国在内的 15 个国家中进行的调查是由总部设在华盛顿的皮尤研究中心完成的。

正面看法的百分比大跌的其他国家包括印度(由 71％降至 56％)、俄罗斯(由 52％降至 43％)以及印度尼西亚(由 38％降至 30％)。在土耳其只有 12％的人说他们的看法是正面的,而去年还是 23％。

在法国、德国和约旦正面看法的百分比下跌的程度稍微好些,而在中国和巴基斯坦对美国形象的看法今年比去年略微好转。英国——华盛顿在伊拉克战争中的最密切的盟友——对美国的正面看法的百分比这两年以来保持在 50％左右,比从战前 2002 年的 75％的正面看法的百分比猛跌很多。

该语篇选择 *New York Times*/World,是一篇来自皮尤公司的调查文章,主要围绕"伊拉克战争之后美国的全球形象"这一主题而展开。

众所周知,"伊拉克战争"历时 7 年多,是"海湾战争"的延续,又称为"第二次海湾战争",是以英美军队为主的联合部队对伊拉克发动的军事行动。美国以伊拉克藏有大规模杀伤性武器并暗中支持恐怖分子为由,绕开联合国安理会,于 2003 年 3 月单方面对伊拉克实施军事打击,直到 2011 年 12 月美军全部撤出,也没有找到所谓的大规模杀伤性武器,反而以萨达姆政权销毁文件和人证为由而结束了战争。

结合这一历史背景,就不难发现第一段中的"global image""had slipped",第二段中的"favorable views""dropped sharply""positive opinion""down",第三段中的"positive views""dropped significantly""favorable opinion",以及最后一段中的"declines""less steep"以及"down sharply"等属于相同主题环境中的词语链。经过分析不难发现:伊拉克战争之后,"美国的全球形象"正在不断恶化。这种词汇共现关系,不仅包括搭配的、句法的局部语境,而且还包括逻辑的、词汇的全局语境,语篇衔接力极强。

以原文中的"positive"一词为例,该词通常被理解成"积极的",而译文并未如此翻译,而是将其译为"正面的"。"积极"一般是对于"消极"而言的,通常指的是态度或行为问题,而"正面"则与"负面"对应,通常表示一种评价。该篇文章主题是"美国的全球形象",结合上下文不难发现,文中有许多与统计学相关的表达方式,显然这里将"positive"译为"正面的"更为合适。因此,在翻译过程中,只有识别和重建恰当的共现衔接关系,才能通过语境衔接实现整体语境的契合,取得较好的整体表达效果。

综上所述,语法手段衔接较为清晰明确,词汇手段衔接较为微妙灵活,无论是哪种衔接方式,都围绕形式关联、指称关联和语义关联三个方面展开,无论哪种衔接手段,都是为了建立有效的语义关系网从而构成语篇。

因此,对于译者而言,一方面需要正确识别原文中的逻辑语义关系,另一方面需要正确重建译文中的逻辑语义关系,翻译时必须统筹兼顾,才能有效地完成语篇的理解与再现。

在工程技术英语翻译过程中,更要强化衔接意识的训练和培养,既要整体把握语篇逻辑,又要深入了解衔接手段。理解原文时,要从其整体逻辑思路出发,准确识别原文的语篇衔接关系,兼顾其表层结构和深层意义;构建译文时,更多的是要能够自觉运用顺应译语的各种衔接规范,必要的时候对原文的衔接手段做出转换与变通,成功再现各种衔接关系,提高译文质量。

一、语义表述客观

工程技术英语大多涉及的是与工程技术相关的理论与概念、问题及过程或者技术性法律文本或者其他生产技术中具有法律效力的条款、规程或章法等,具体包括陈述客观规律和原理、描述客观过程和事实、反映客观现象及变化等,其语篇意义受到交际功能的影响,主要语义特征为客观性,力戒主观意念或个人喜好。

首先,在语法衔接方面,人称照应和指示照应相对较少,比较照应相对较多,更好地体现在时间和空间的运动中,人们在与其他事物的相互联系中认识客观事物的过程;高频使用各种逻辑连接手段,以体现时间和空间、列举与例证、原因与结果、强调与增补、比较与限定、推论与总结等各种逻辑思维模式,从而体现工程技术英语语篇逻辑严谨及论证严密等特点。另外,工程技术英语语篇由于正式程度高,逻辑严密且层次分明,常用同词重述及上下义词来体现词汇衔接,体现条理性的同时避免字面歧义。

其次,为了突出客观性,工程技术英语语篇很少使用第一人称和第二人称,即便非用人称不可,也常常是使用它们的复数形式来增强论述的客观性;同样,为了避免主观色彩,工程技术英语语篇多用被动语态来体现叙述的客观性和科学性,虽有部分主动语态倾向,如常见的"this study discusses … ""this paper analyzes … "等句型,但一定意义上是为了让表达显得更为亲切。

此外,为了使语篇表达更加严肃庄重,更好体现工程技术英语语篇中不含人称、时间、语气特征的抽象性特点,工程技术英语语篇往往使用名词化的词语或结构来表达精细复杂的语义,如:与动词同根或同形、表示动作或状态的抽象名词,起名词作用的非谓语动词,由形容词加后缀"-ability""-ness"等构成的名词,或是伴有修饰成分或附加成分的名词化短语,用来体现工程技术英语语篇中的整体概念和抽象意义。

二、语法结构严谨

工程技术英语语篇的主体通常是客观事物或自然现象,旨在阐述客观事物的本质特征及之间的联系,描述其发生、发展及变化过程,语法结构大多比较完整,逻辑连贯且表述畅达,以体现与工程技术相关的科学定义、原理解说及图表说明等诸多表达的客观性、准确性和永恒性。

具体来说,在词法层面上,工程技术英语语篇中含有大量专用词汇、专业术语以及新词新意,其内涵外延性强、应用领域广泛,还大量采用缩略语、图学符号、专业语言来简化表达;谓语动词多用现在分词、过去分词、不定式、动名词及短语等非限定形式;常用动态动词代替"be"一类的静态动词,以生动描述行为、现象及其发展过程中的动态感;时态则多用现在时态,尤其常用一般现在时来表示无时间性的叙述或是科学定义、定理或公式等的普遍性,常用现在完成时来表述已经完成的事务或项目;普遍使用名词化词语、名词化结构以及悬垂结构来压缩句子长度并简化叙述层次,避免表达重复或结构臃肿;宁用单个动词而不用短语动词,力使行文更加简洁紧凑。

另外,在句法层面,工程技术英语语篇中句型的扩展和连接手段非常丰富多样。比如,为了达到叙述方便的目的,工程技术英语语篇经常使用"it"做形式主语(偶尔用作形式宾语),而把真正做主语的从句、短语或不定式等结构放在句子末尾,以保持句子结构平衡。除此之外,还经常使用"无生命主语+及物动词+宾语(+宾语补足语)"等极为体现工程技术英语无人称性的特征;多用紧缩性状语从句而不用完整的句子来简化语言结构,多用后置定语承载大量信息,使得行文简练明快;句内并列短语、单词或从句等各种并列成分较多,复杂的长难句或多层从句嵌套的情况非常普遍,以体现语篇逻辑的连贯性和信息传递的确定性,同时充分说明事理。

三、文体正式规范

总体上说,工程技术英语语篇的文体特征是:语言规范、文体质朴、语气正式。工程技术英语语篇大多以客观陈述为主,一般采用正式的书面语体,文体结构严谨,强调逻辑连贯、表述畅达及语义明晰,尤其要避免行文晦涩和主观随意。无论是面向大众的科技文章,还是专业领域的学术文章,其语篇都要求组织严谨、结构紧凑、观点明确、逻辑性强;其内容都涵盖大量专业词汇和专业知识;其语言都较为严谨朴实、层次分明且表意清晰,普遍能够体现工程技术英语语篇客观性强和知识性强等特点。

具体来说,为了更好地体现工程技术英语的客观性和科学性,工程技术英语语篇中力求少用或不用描述性形容词、富含抒情色彩的副词、感叹词或疑问词等;长难句多,省略句少;基本没有倒叙或插叙;力戒夸张、讽刺、双关和押韵等修辞手段,通常情况下遣词造句比较规范,常见固定的格式和套语,大致相同的体例和表达方式非常常见,其编排形式和写作方法已趋向规格化,如常见以下句型:"the principle of … is outlined""the apparatus for … is described""the mechanism … is examined""an analysis of … was carried out"等。

总而言之,工程技术英语语篇的主要目的是表述科学发现、科学事实、实验报告和各类说明等,表达正式、准确、严密、精炼、清晰,已经引起学界的普遍关注。在行文方面,以客观陈述为主,逻辑性强且观点明确,故语义客观;在语法方面,句子组织完整且结构紧凑,故语法严谨;在文体方面,逻辑性强且呈现高度专业化的特征,故文体正式。在进行工程技术英语语篇翻译时,尤其需要结合其语篇特点,兼顾其形式关联和语义衔接,最大程度上有效地实现语篇的理解与再现。

第三节　工程技术英语语篇翻译原则

　　语篇翻译是翻译的关键,也是翻译最终要解决的问题;语篇是结构和翻译的最大单位,意义相符和功能相当是语篇翻译的终极目标。与词汇翻译和句子翻译不同的是,语篇翻译受到篇章逻辑关系的制约,即受到整个语篇中句子之间的衔接、照应、连贯等诸多因素的制约,译者在翻译的过程中尤其需要注意语篇的特点及其内在逻辑关系,从等值概念来讲,只有在词、词组、句子及段落之间意义一致及逻辑清晰的基础上,才能最终达到篇章的等值,工程技术英语语篇翻译亦是如此,总的来说需要遵循以下几点原则:

一、契合整体文体风格

　　语篇翻译旨在通过译语语篇完整地传达原语语篇的信息,以实现原语语篇及译者的交际目的。不同的交际环境、交际内容、交际目的及交际方式会决定不同形式的文体,语篇翻译要从文体入手,进而决定语言文字不同的写作体裁、写作方法、表达方式以及语言特色等。工程技术英语语篇强调实用,词汇表达及句型特点鲜明,翻译过程中需要将词、句乃至语篇的翻译置于语篇整体风格要求之下,选用最恰当的语言、最习惯的表达、最近似的风格,尽可能译出与原文等值的译文。

　　工程技术英语语篇形式较为固定且结构严谨,层次分明且逻辑性强,翻译过程中,需要对原文的文体形成一个明确的认识,把握其与其他文体之间的区别,充分了解各类工程技术英语文件的表达方式,在此基础上才能力求对原文内容有一个清晰的理解,使得译文在内容和文体上能够如实准确地再现原文,确保其在规范性以及法律效能等诸多方面与原文保持一致。

二、注重内在逻辑关系

　　语篇翻译无疑是一种逻辑活动,译文是逻辑活动的产物。在工程技术英语语篇的翻译过程中,译者需要识别原文作者的思维逻辑,并在其基础上厘清原文中各个概念及成分之间的内在逻辑纽带和关系,理解其词汇、短语、句子乃至段落等各个层面以及不同层面之间的内在联系,如顺序关系、因果关系、让步与转折、递进与增补等各种逻辑关系,从而构建翻译逻辑。这里需要强调的是,译者切不可用自己的翻译逻辑去代作者的思维逻辑。

　　具体来说,在工程技术英语语篇翻译过程中,译者首先要从宏观角度出发,理解其语篇主题及结构框架,把握语篇的交际目的和内在逻辑,才能掌握语篇的主题思想及段落大意等;其次要从微观出发,把握语篇中体现主题的关键词、主题句及主题段落等,进而才能更好地分析语篇与段落、段落与句子乃至句子与句子之间的衔接与连贯,落笔翻译时才能做到心中有数。

三、确保遣词准确一贯

术语和专业词汇丰富是工程技术英语的特点之一,也是其语篇翻译的重点和难点所在,其翻译准确与否往往会直接影响语篇翻译的质量。与一般语篇翻译不同的是,工程技术英语语篇翻译过程不仅要求译者具备基本的翻译常识,还对其专业知识的深度及知识面的广度方面有一定要求。

工程技术英语语篇翻译过程中,往往发现即便是同一词语在不同专业领域中的意义也不尽相同,因此需要恪守严谨的作风,不容丝毫的主观随意性。具体来说,需要格外注意某一术语或专业词汇在特定专业领域中的特有词义,切勿将其误认为是不具有特殊专业含义的普通词语,并应严格遵循该专业技术领域的用语习惯,某一术语或专业词汇一经译出,必须保持其在整个语篇中的一贯性,切勿在上下文中随意改动,以免引起概念上的混乱。

四、力求译文流畅可读

在工程技术英语语篇翻译实践中,翻译工作者不仅需要扎实的英语知识和工程专业知识,还需要具备扎实的语言表达能力,才能确保译文忠实于原文、通顺流畅且简洁明了,符合译语的表达习惯且具有较高的可读性,力争避免因用词不当、机械搭配、词不达意、可读性差而导致的各种译文汉化和洋味中文的现象。

在实际工作中,翻译工作者应该不断加强其自身的语言文字功底,积极拓展相关的专业知识,同时还要不断丰富对英汉文化差异的了解,才能在透彻理解原文的基础上注重语篇的逻辑性和科学性,切勿对原文进行字面意义上的串联、拼凑或主观臆断,此外还需建立健全译文审校、评估和严守制度等,才能准确地、有效地、符合专业要求地表达出原文的内容,确保译文文理通顺、具备一定的可读性和可接受性。

本章练习

一、请将下面语篇翻译成中文，注意语篇的衔接与连贯。

1. A nanometer, originally called millicron, is a unit of length, and abbreviated to "nm", as a meter to "m". One nanometer is one billionth of a meter. By nanometer, we usually mean a length between 1 and 100 nanometers. Nanometer particles cannot be seen with naked eyes or with common optical microscopes. They can be seen only under the electron microscope, which can magnify them tens of thousands of times or hundreds of thousands of times. When substances are "broken into" the nanometer degree and made into nanometer substances, their physical and chemical functions will have great unexpected changes. For example, when copper, the conductor of electricity, is "broken into" the nanometer degree, it will not conduct electricity any longer. Pottery and porcelain are usually fragile, while nanometer pottery and porcelain are not broken, but flexible. The nanometer material may change the present industry structure completely because of its change in light, electricity, heat, magnetism and its many new characteristics such as absorption, catalysis, and attraction.

2. LEVITATING TRAINS: High-speed ground transportation (HSGT) technologies with vehicle speeds exceeding 150 mph can be divided into two basic categories:

High-speed rail (HSR) systems, with top speeds between 150 and 200 mph, use steel wheels on steel rails as with traditional railroads, but can achieve higher speeds because of the design of both the rail bed and cars.

High-speed magnetic levitation (MAGLEV) systems, with top speeds between 250 and 300 mph, use forces of attraction or repulsion from powerful magnets placed in either the vehicle or the guideway beneath it both to lift the vehicle above the guideway and to propel it forward. A MAGLEV vehicle can be likened to a flying train or a guided aircraft.

If linked effectively with highways and air service, HSGT technologies—particularly MAGLEV—could have a significant impact on congestion in the future.

When comparing HSR with MAGLEV technologies, MAGLEV appears to be the technology of choice. Though the new generation of HSR technology can reach commercial speeds of up to 186 mph, additional increases in speed pose great engineering problems, suggesting that rail transportation is a mature technology. MAGLEV technology, on the other hand, is in its infancy and will improve substantially with additional engineering.

In contrast to HSR, MAGLEV systems involve no physical contact between the guide way and the vehicle, which means less wear, less maintenance, less noise, and greater reliability. MAGLEV rides are as comfortable as those on airliners flying in nonturbulent air. MAGLEV trains can climb grades and curves without substantially reducing speed, thus permitting lines that are less intrusive on existing communities than rail lines. And, as with electric HSR, there are no emissions along the guideway because MAGLEV runs on electricity.

Though the capital costs of a MAGLEV system are somewhat higher than those of an HSR system, operating costs are about the same, and with MAGLEV's higher speeds it can attract more riders and produce more revenues.

3. A ball has no power by which it can put itself in motion, but as soon as you throw it, you impart energy to it and this is why it speeds through the air. When the ball is once put into motion, It would continue moving on in a straight line for an indefinite length of time unless the resistance of the air and the pull of gravity opposed it and made it fall. The ball requires a certain length of time for starting and, likewise, for stopping. It is this property that one calls inertia. An electric current acts in that very way, that is to say, it takes time to start and once started it takes time to stop. The factor of the circuit to make it act like that is its inductance. In its effect, inductance may be also compared to the inertia of water flowing in a pipe.

4. Digital computers are used in many ways to support engineers in design work. The broad class of technology associated with such use is denoted herein as Computer Aided Design (CAD). While early CAD was primarily directed toward improved analysis procedures, recent developments have extended CAD to include such functions as interactive computations, automation of design decisions, tutorial assistance to designers, graphical display of results, and management of information. While these developments have been principally disjointed, efforts are being initiated to integrate such functions into comprehensive CAD system such as the planned NASA IPAD system. The definition and development of integrated CAD systems, together with the continued evolution of computer hardware, has indicated areas for improvement in computer science technology which need to be addressed to maximize the benefit of integrated CAD systems and to facilitate their long-term viability.

5. The microscope is an optical device used to view materials that are too small to be seen by the unaided eye. An optical microscope of good quality can produce magnifications of several thousands of times, but in practice it is employed only for magnifications up to approximately 1 000 times. For viewing objects that require still greater enlargement, the electron microscope is used.

It should be noted here that all magnification figures for microscopes refer to enlargement relative to the distance of the most distinct vision. This distance is about 25 centimeters, or about 10 inches, from the human eye; objects placed closer to the eye will appear to be blurred. The statement that a particular microscope produces a magnification of 300 times, for example, means that an object viewed under the microscope will appear to be 300 times larger than when seen by the unaided eye at a distance of 25 centimeters.

The principle of an optical microscope is quite simple; however, the resolving power of an optical microscope is limited by the wavelength of the light employed, being greater when the light source is of shorter wavelength. This limitation was virtually overcome by the development of the electron microscope, in which beams of electrons are substituted for rays of light and a series of focusing magnets replaces optical lenses.

Electron microscopes can achieve enlargements that are several hundred thousand times the size of the object being studied, and the resulting photographs can be further enlarged. Consequently, a total magnification as great as one million times is possible. By means of electron microscopy scientists have been able to examine visually many objects previously known only theoretically.

6. The U - 2 was silver. Its wings, as the photographs had indicated, were its most startling feature. Except that the photographs hadn't prepared us for the actuality. In proportion to the length of the fuselage, which was some forty feet, they stretched out to more than eighty. Like the wings of a giant bird, they drooped slightly when on the ground; in turbulent air they flapped noticeably.

It was basically a powered glider, jet engine inside a glider frame, only it was capable of things no glider or jet had ever accomplished before: it could reach, and maintain for hours at a time, altitudes never before touched.